5分钟清除负能量

胡永阳◇著

人民日报出版社
北京

图书在版编目（CIP）数据

5分钟清除负能量/胡永阳著. -- 北京：人民日报出版社, 2025.2. -- ISBN 978-7-5115-8657-5

Ⅰ. B821-49

中国国家版本馆 CIP 数据核字第 202526UX11 号

书　　名：5分钟清除负能量
　　　　　5 FENZHONG QINGCHU FUNENGLIANG
作　　者：胡永阳

出 版 人：刘华新
策 划 人：欧阳辉
责任编辑：毕春月　张雨嫣
装帧设计：新成博创 XIN CHENG BO CHUANG
绘　　图：夏可馨

出版发行：人民日报出版社
社　　址：北京金台西路2号
邮政编码：100733
发行热线：（010）65369509　65369527　65369846　65363528
邮购热线：（010）65363531　65363527
编辑热线：（010）65369521
网　　址：www.peopledailypress.com
经　　销：新华书店
印　　刷：北京博海升彩色印刷有限公司
法律顾问：北京科宇律师事务所　（010）83622312

开　　本：880mm×1230mm　　1/32
字　　数：130千字
印　　张：8.5
版次印次：2025年3月第1版　2025年3月第1次印刷

书　　号：ISBN 978-7-5115-8657-5
定　　价：39.80元

如有印装质量问题，请与本社调换，电话：（010）65369463

序言

向阳而生需觉悟

我们每个人都追求成功，追求美好的生活，追求生命的价值。但是，我们身边形形色色的人，人生道路各不相同。有人成功，也有人失败。以三年、五年或者十年为长度来看，我们会发现，同样起点的人，生活的品质、生命的质量、对社会的贡献，差距很大。这些差距是如何产生的呢？为什么有的人风生水起，成就卓著，有的人陷入泥淖，苦苦挣扎？

格言说：注意你的行为，因为它将变成你的习惯；注意你的习惯，因为它将变成你的性格；注意你的性格，因为它将决定你的命运。

5分钟清除负能量

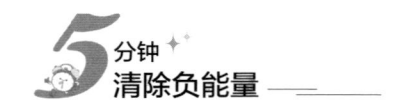

如何注意自己的行为，如何养成自己的好习惯，如何掌握自己的命运？这本《5分钟清除负能量》将给你启迪。

这本书的作者胡永阳老师，是一位耄耋之年的老同志。胡永阳老师写作这本书的灵感，来自在北京图书馆的一次演讲会上的一个实验。将一只虫子放入水和酒精中，酒精把虫子"醉"死了。主持人问这个实验说明了什么时，会场传来了一个响亮的回答："这说明，人要是喝酒，体内就不会长出虫子。"这一回答引得众人大笑。这个实验却激发了胡永阳老师的"人生觉悟"，他认为每个人的体内，就滋生着不少"虫子"——它们就是负能量，已成为侵害现代人生活的一大潜敌。他把那些负能量归纳为14种——自卑、骄傲、奢侈、吝啬、懒惰、贪婪、嫉妒、虚伪、固执、狭隘、猜疑、娇气、暴躁、轻浮，他以自己的人生经历和深刻领悟，引经据典写成了14篇文章，辑成这个小册子，教我们如何清除我们身体里面的负能量。

当下是一个资讯发达、节奏紧凑的时代，这本书每一章篇幅短小，每一节只需五分钟左右就可以读

序 言
向阳而生需觉悟

完。每章节切入点新颖，见解独到，既博采古今中外人生故事的正能量来打败那些负能量，又结合胡永阳老师八十年生命历程中的亲身经历与人生感悟，在小故事中藏着大道理，既是一本心理自助书，也是励志修身的好读本。

对照一下胡永阳老师归纳出来的14种负能量，是不是我们每个人身上或多或少都有呢？追求生命卓越、事业成功的过程，就是一个理性战胜本能、克服自身惰性、缺陷，挑战自我的过程。只要我们坚持每天克服一点点，坚持每天进步一点点，我们的生命就会像向日葵一样向阳生长，花盘灿烂、果实饱满也指日可待。

"能量"是度量物质运动的一种物理量，不同的物质运动形式会产生不同的能量，如机械能、电能、化学能、原子能等。"能量"这个词用于人，便是比喻人所能发挥的能力和作用。每种物质运动都能产生能量，每个人也有自己的能力和作用。"正能量"让我们健康乐观、积极向上，"负能量"却让人消沉，甚至走向"恶"。就像事物总有正反两面，"负能量"

也是人与生俱来的内在负面情绪、心理、思想。人生路上，我们需要不断自我反省，自我约束，才能战胜与填平负能量的陷阱，走向光明与幸福的坦途。然而，人是感官动物，用眼耳鼻舌身意感受这个世界，很难看到深度，看到人生实相。这个时候，阅读对于我们来说就极为重要。阅读让我们开阔视野，让我们借鉴他人的经验与教训，让我们增长智慧，主动思考。相信这本《5分钟清除负能量》，能够给每一位阅读者以人生的启迪，心灵的滋养，能够带来满满的正能量。

汤素兰

湖南省政协常委
湖南省作协主席
湖南师范大学文学院教授

目 录

» 戒自卑
　恢宏志士之气　岂能妄自菲薄 ………………… 001

» 戒骄傲
　虚心的人万事能成　自满的人十事九空 ……… 021

» 戒奢侈
　历览前贤国与家　成由勤俭败由奢 …………… 047

» 戒吝啬
　当用不用非节俭　一毛不拔情难容 …………… 069

» 戒懒惰
　勤奋赢得果实累累　偷闲留下两手空空 ……… 081

» 戒贪婪
　人心不足蛇吞象　世事到头螳捕蝉 …………… 097

» 戒嫉妒

　　嫉妒别人之时　实已毁坏自己 ………………… 119

» 戒虚伪

　　露水只能炫耀一时　江河却能奔流千里 ……… 135

» 戒固执

　　不识庐山真面目　只缘身在此山中 …………… 159

» 戒狭隘

　　海纳百川　有容乃大 …………………………… 175

» 戒猜疑

　　君子坦荡荡　小人长戚戚 ……………………… 189

» 戒娇气

　　艰难困苦何所惧　钢浇铁铸真英雄 …………… 205

» 戒暴躁

　　肝火太盛常有错　心平气和事理明 …………… 223

» 戒轻浮

　　诸葛一生唯谨慎　吕端大事不糊涂 …………… 241

戒 自卑

恢宏志士之气
岂能妄自菲薄

对自己估计过高，以致目空一切，这是骄傲。与骄傲相反，对自己估计过低，以致悲观、消沉，这是自卑，是需要捉除的一条"虫子"。大敌当前，必须把它打倒。为了打倒它，我们不妨对它进行一番研究，做到知彼知己，克敌制胜。

自卑之谓弱

> 阅读大约需要 3 分 59 秒

　　什么叫自卑？自卑就是看不起自己，轻视自己的能力，轻视自己所处的环境，认为自己无法赶上别人。

　　自卑有什么害处呢？自卑的人因为轻视自己，怀疑自己的能力，没有气魄，没有胆略，既不敢想，又不敢说，更不敢干前人未干过的事业，聪明才智被压抑，创造精神被扼杀。人生本来就是一场竞争。在这场竞争中，胆怯，不敢前进，就会自动败下阵来。一个人聪明才智的发挥和发展，先决条件是自己相信自己，勤奋学习，勇于实践。

5分钟清除负能量

　　古时候有个叫匠石的人，有"运斤成风"的绝技。有个郢都人的鼻子上抹了一层薄薄的白粉，薄得像苍蝇的翅膀，匠石对着那个郢都人一斧子劈过去，薄薄的白粉全部削掉，而鼻子丝毫未伤。匠石固然靠的是他高超的技术，而他对自己的信任与胆量也是不可忽视的。一个自卑的人，不相信自己的聪明才智，平时"喝冷水也怕烫"，莫说用斧头去劈人家鼻尖上的粉末了。

　　20世纪八九十年代，有个年轻人高考三次落榜以后十分自卑，抬不起头来。后来，一个很有发展前途的工厂办的技校招生，只是招生的比例比高考还要小一点。他自卑，望而生畏，不敢一试，连名也不敢去报；而比他成绩差的几个同学都考上了，有的后来还成了厂里的技术骨干。他没有这样去分析：高考的招生比例虽然比这次技校招生的比例大一点，但竞争的对手很大一部分是成绩优异的，技校招生比例虽然小，但强有力的对手大多考入了大学，只要认真对待，完全有机会取胜。由于自卑，他不敢这样去想，也不敢这样去干。在这以后，与他同时高考落榜的一

戒自卑

恢宏志士之气　岂能妄自菲薄

个同学邀他一起利用自己所学的知识，研究孵鸡、养鸡技术，养殖家禽，并告诉他，只要敢字当头，勤学勤钻，没有不成功的。又是由于自卑，他被这并不十分宏大的计划吓破了胆，不敢参加。而同学经过一年多的努力，摸索出一套煤油灯孵鸡和快速育鸡的新技术，为发展全县的养鸡事业作出了很大贡献，很快成了万元户。他呢，依然如故，什么成绩也没有。自卑的人总是这样，认定自己再也不会有什么作为了，再努力也是白搭，承认落后，自甘落后，不做高子，甘做矮子。

有人说：自卑是心灵上的自杀。这样说是一点不过分的。自卑的人不但心灵受到创伤，长此下去，就连身体也要受到严重影响。因为自卑，看不到自己的前途，往往容易悲哀、忧伤。一个人在忧伤的时候，又容易产生烦恼，常常自个儿发脾气。中医认为，言多伤气，忧多伤神，食多伤胃，气大伤身。自卑的人一忧一恼，必然又伤身又伤神。在无力完成某件事情的时候，我们常说"心有余而力不足"。自卑的人则是"心不足力也不足"。

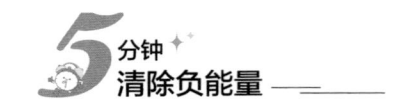

自卑的人轻视自己，看不起自己，也会因此被别人轻视。如果你处事总是优柔寡断，本来有能力办好的事情也总是缩手缩脚，犹犹豫豫，就会让人认为你毫无能力，甚至招致责难和非议。这种责难和非议，又会使你更加自卑，形成恶性循环。有时，甚至发展到悲观厌世，走向更糟糕的道路。

因此，在人生的道路上，特别是初涉社会的年轻人，应当力戒自卑——"做生活的强者"，这应当是我们的座右铭！

戒自卑

恢宏志士之气　岂能妄自菲薄

人一能之己百之

阅读大约需要 3 分 28 秒

　　有的人记忆力比别人稍差一点，思维能力比别人稍欠一点，或者对一个问题的理解和接受比别人稍慢一点，就认为自己天生愚笨，并且因此而自卑，对自己失去信心。这是很不应该也是很不科学的。

　　人的天分虽然有差别，但差别并没有那么大。特别聪明的不到千分之一二，特别笨的也不到千分之一二，其余的智力都差不多。现实生活中，人们的聪明才智之所以千差万别，不是天生的，而是因为后天各人勤奋程度不同。人的天分只有与勤奋结伴才能发挥作用。天分很高的人，如果离开勤奋，也将和普通

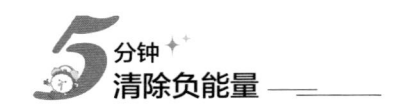

人一样，甚至更无知。

宋朝时候，有个农家子弟叫方仲永，五岁的时候就能写诗。他父亲把诗拿给读书人看，大家都很惊奇。以后，不断有人请他父亲去做客，索取仲永的诗作。他父亲贪图小利，每天领着仲永到处拜访，不让他继续学习。到十二三岁时，所作的诗文不能同当初相比了。二十多岁时，诗也作不出来了，和普通人没有两样了。方仲永由"神童"到普通人的事例说明，任何天才都不能生而知之，不学习，不勤奋地学习，天才也是枉然。

> 人一能之己百之，人十能之己千之。果能此道矣，虽愚必明，虽柔必强。
> ——《中庸》
>
> 别人一下能学好的，我就下百倍功夫去学；别人十次能学会的，我就学一千次。如果能这样坚持下去，虽是愚笨的人，定会变得聪明；虽是柔弱的人，定会坚强起来。

因天分比不上别人而自卑的人，总认为有人能在

戒自卑
恢宏志士之气　岂能妄自菲薄

学术上、事业上取得成就是因为他们本身是天才,而不懂得他们的知识和成就都是勤奋努力的结果。伟大的画家、篆刻家齐白石,初学刻印时总是失败,不是走刀字坏,就是石碎器毁。他请教篆刻大师黎铁安,铁安老师告诉他:"南泉冲的楚石,有的是!你挑一担回家去,随刻随磨,你要刻满三四个点心盒,都成了石浆,那就刻得好了。"齐白石领悟了其中的道理,发愤苦学。他挑回一担担楚石,即刻即磨,打下了扎实的根基,终于练出了"刻前不打样,刻时不回刀"的绝技。

什么是天才?天才就是超乎寻常的刻苦、勤奋。晋朝文学家左思的名作《三都赋》写成后,洛阳的人都争着买纸抄读,使得当时京城的纸张供不应求,称为"洛阳纸贵"。其实左思少年时并不是很聪明,学过书法、音乐和兵法,都没有什么成就。他父亲曾对朋友说:一代不如一代,这孩子不如我年轻时候"有能耐"。左思听了,心里很难过,下决心刻苦读书,不断练习写作。当他准备写《三都赋》的时候,文豪陆机嘲笑说:有个粗野的北方人左思,居然想写《三

都赋》，真是异想天开，等他写出来给我盖盖酒坛吧。但左思没有气馁，他在室内、门前、墙壁和厕所等处挂着纸和笔，想到一个好句子就随时记下来，这样花了十年工夫，终于写出连陆机也赞叹不已的《三都赋》。可见，天分、能力暂时差一点不要紧，千万不要自卑，只要有左思那样的勤奋和毅力，只要有建立在科学基础之上并伴之以汗水的自信，完全可以赶超那些所谓的天才。

戒自卑

恢宏志士之气　岂能妄自菲薄

不要因一时跌倒便倒地不起

人的一生是漫长的。在漫长的生活道路上，哪一个人都不可能是一帆风顺的。失学、失业、失败……这些使人不愉快的事情，或多或少都要碰到一些。有的年轻人不能正确对待这些问题，一碰到就怨恨自己，怨自己没有能力，怨自己机遇不好，甚至怨自己"碰了鬼"。对自己的前途丧失信心，一跌倒便爬不起来。

见到一个"失"字就自卑，实在是太盲目了。须知，"得"和"失"是辩证的，是对立统一的。"失"，

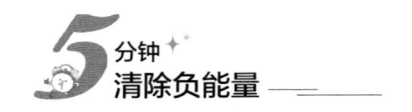

往往是"得"的前奏。甚至在某些情况下，没有"失"就没有"得"。当然，某些"失"，还是没有的好；但如果已经出现了，就一定要处理好，努力把坏事变成好事，使"失"变为"得"。如果我们能这样看问题，就不会自卑，或者可以变自卑为自信了。

关于失学。有的学生不能正确对待高考落榜的问题，没有考上理想的大学，就陷入自卑的深渊，觉得自己"此生休矣"，从此意志消沉，精神萎靡。一次考试，并不能完全说明一个人的知识和水平。有的人平时成绩不错，就是考试太过紧张，出现较多失误。要正确评价自己，不要因一次考试失误就全盘否定自己。

宋代文学家苏洵，两次参加科举考试都名落孙山，但他并不气馁，刻苦自学，成为唐宋八大家之一。明代著名医学家李时珍，曾三次考举人，三次失败。后来他立志学医，经过27年刻苦实践与钻研，写成医学巨著《本草纲目》。清代著名文学家蒲松龄，四次应试，四次落榜。他下狠心攻读，改变学习方法，深入民间广集博采，终于写出闻名世界的鸿篇巨

戒自卑

恢宏志士之气　岂能妄自菲薄

著《聊斋志异》。现代著名剧作家曹禺,年轻时想当医生,三次报考北京协和医学院均未被录取。后来,他考入南开大学,后转至清华大学,并积极参加进步的戏剧活动,写出《雷雨》《日出》等名剧。现代著名儿童文学家严文井,20岁前后在北京报考了四所大学,都没有成功。后来,他一边工作,一边自学,勤奋写作,成了我国独树一帜的童话作家。苏阿芒在成名之前,多次参加高考,但都未被录取。后来他发奋自学,数年内,学会了意、英、德、法、俄、波兰、瑞士、捷克、西班牙等30多个国家的文字,尤其在世界语方面的造诣颇深,成为著名世界语诗人。榜上无名,脚下有路。这条路靠不自卑、有志气的人自己去走。

关于失败。有些人做事情,一旦失败,就产生自卑心理,认为自己不是搞这个事情的材料。他们

> 失败也是我所需要的,它和成功对我一样有价值。只有我知道一切做不好的方法以后,我才知道做好一件工作的方法是什么。
>
> ——爱迪生

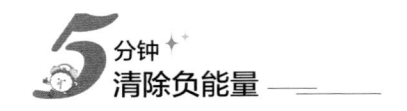

不懂得失败是成功者的家常便饭。常言说，失败是成功之母。失败一次，就与成功接近了一步。越是伟大的发明，越要经过多次的失败。欧立希制成抗梅毒的药物"606"，失败了整整605次，终于确定606号药剂具有有效性。爱迪生发明电灯，经过试验的灯丝就有1600多种，也就是经过了1600多次失败。既然像爱迪生这样的发明家也免不了要失败，年轻人初次出征，失败又有什么不得了的呢？

戒自卑

恢宏志士之气　岂能妄自菲薄

磨难出人才

阅读大约需要 2 分 4 秒

明代宋濂，家境贫寒却借书苦读，冒雪访师，终成明初诗文三大家之一；现代数学家华罗庚，自幼家境清贫，却凭借对数学的无限热爱与刻苦钻研，从杂货店的小伙计成长为国际知名的数学大师；作家莫言，出身农村，童年生活困苦，却将这份艰难转化为文字的力量，赢得了诺贝尔文学奖的殊荣。这一个又一个闪光的名字告诉人们一个真理："磨难"孕育着"奋斗"。

病残是一种磨难。有的年轻人由于病残，认为自己对社会不能作出什么贡献，只能毫无意义地活

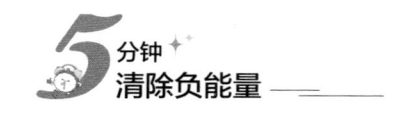

在世上，因而极度自卑，无可奈何地忍受着病残的折磨，甚至等待着死神的到来。这种认识是十分有害的。任何疾病，光有药物的治疗，没有精神的治疗是不行的。即使疾病使人残疾了，也要学习"左丘失明，厥有《国语》，孙子膑脚，《兵法》修列"的精神，不要自卑。

奥斯特洛夫斯基双目失明，写出著名小说《钢铁是怎样炼成的》。苏联卫国战争时期的飞行英雄阿列克塞·马列西叶夫下肢残疾后装上假腿，重返蓝天，击落多架敌机。高士其年轻时就全身瘫痪，手脚不能动弹，不能用正常的语言表达思维，在妻子的协助下，创作了大量诗歌和科普作品。吴运铎试验武器导致身上几十处受伤，左眼也因此失明，他不仅顽强地继续完成兵器研究的任务，还写下自传体小说《把一切献给党》。这些优秀的案例告诉我们，由于病残而自卑是完全没有必要的。<u>所有还在为身体的病残而苦恼的人，努力振作起来吧！</u>"身残志不残"——这应当成为我们自强不息的座右铭！

戒自卑

恢宏志士之气　岂能妄自菲薄

拼命迈出第一步

阅读大约需要 3 分 20 秒

有的年轻人会说,这些道理我都懂得,但一回到现实生活中,对照自己的能力,对照自己所处的环境,信心就没了。

这是一种较为普遍的现象,并不奇怪。要真正克服自卑,不能满足于懂得道理,而要在有了理性认识的基础上来一个飞跃——拼命地跨出第一步。有个学生,读高中的时候生了一场大病,耽误了几个月的学习,由原来的班上前三名掉到后三名了,因此产生了自卑感,从此心灰意冷,认为再也赶不上别人了。班主任老师发现了他不健康的情绪,亲切地同他分析搞

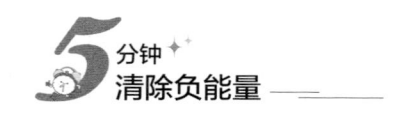

好学习的有利条件，帮助他补上落下的功课。从此，他克服自卑心理，重新树立学习信心，通过一段时间的刻苦努力，他又赶了上来，并顺利地考上大学，现在已经是某大学的硕士研究生。从这个案例可以看出，坚实地迈出第一步，是克服自卑心理的关键一环。从自卑到自信，中间有一条很深的鸿沟，要跨越这条鸿沟，全靠坚实的第一步。为了走好第一步（也是为了走好第二步、第三步），必须解决好两个思想问题：一是不能好高骛远，企图"一口吃个胖子"，或者"一步登天"；二是要有一往无前的精神，决不能左顾右盼，前怕狼后怕虎，要不畏艰险，哪怕是"上刀山，下火海"也无所畏惧！"不畏艰险"并不等于蛮干，而是要有科学的态度。如果因为蛮干，使第一步惨遭失败，不但不能达到由自卑变自信的目的，反而可能使人更加失去信心。

拼命迈出第一步，主观努力当然是重要的，但是也离不开一定的客观条件。日本著名经营管理学家占部都美在《领导者成功的要诀》中讲了一个故事。日本某证券公司的一个分公司，原来的业绩并不突出。

戒自卑
恢宏志士之气　岂能妄自菲薄

为了改变这种状况，分公司的经理陪同一个业绩末位的职员拜访客户。由于经理的侧面帮助，这个职员渐渐提高了业务水平，慢慢地消除了自卑感，变得对自己的能力很有自信。以前能力不佳的职员业绩提高后，那些业绩优异的职员也不自满于已取得的成绩，变得更加努力。这样一来，全体职员业务水平迅速提高，公司的业绩在全国各分公司中上升到第二位。这个故事说的是领导的帮助，除领导之外，家长、老师、爱人、朋友的帮助同样重要。无论哪方面的帮助，都应当注意两点。第一，分配或建议完成的课题与工作任务，一定要适当，不能过高或过难，要控制在经过努力能够完成的限度内。第二，当有自卑感的人取得一点成绩的时候，本人感到快慰是必然的，作为帮助他的人也应该替他高兴，而且应该表现得比他本人更高兴。这种高兴，往往比成绩带来的鼓舞更大，鼓励他第二步、第三步跨得更大，更稳健。

自卑的人，像受了潮的火柴，再怎么擦也难把前进之火点燃。

失去了胜利的信心，就等于失去了胜利。

卑怯的人，即使有万丈的怒火，除弱草以外，又能烧掉什么呢？

只有你够自信，别人才会信你。

骄傲

**虚心的人万事能成
自满的人十事九空**

骄傲，是人生的一大惰性。

古往今来，有许多人在成绩面前不居功，在荣誉面前不伸手。他们的胸怀好似浩瀚的大海，容纳千万条江河而永不满足。也有不少人对自己认识盲目，缺乏自知之明，把平庸的成绩当作炫耀的资本。有则寓言说得更为有趣：长颈鹿为能吃到几米高的树叶而骄傲，小山羊则为从篱笆缝隙钻进去吃草而自豪。可见，不能正确评价自己，就会变得盲目骄傲。

那么，骄傲有何害处？怎样才能克服这种弊病呢？

骄傲是愚蠢的近邻

> 阅读大约需要 5 分 5 秒

骄傲是谦虚的对立面，是愚蠢的近邻。骄傲是一种主观上的盲目，亦可说是一种无知。无知就要受到社会的惩罚。

骄傲会导致失败，这是为古今中外的社会实践反复证明的真理。爱迪生是个天才发

> 恃国家之大，矜民人之众，欲见威于敌者，谓之骄兵，兵骄者灭。
> ——《汉书》
>
> 过分骄傲轻敌的军队必定打败仗。要谦虚做人，习众人强项于一身。

023

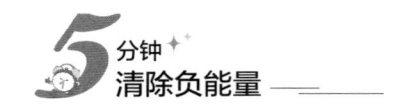

明家。但是，晚年时他骄傲自恃，任何人的话都听不入耳，甚至公开说：不要向我建议什么，任何高明的建议也超越不了我的思维。结果，他堵塞了智慧的源泉，丧失了前进的动力，再也没有重大的发明创造了。我国古典文学名著《三国演义》中有"马谡拒谏失街亭"的故事，也揭示了这个道理。马谡为什么丢了战略要地街亭？是他不知兵法，平庸无能吗？不是。他熟读兵书，深知兵法，曾给诸葛亮献过很重要的计谋，是一个受到诸葛亮器重的战将。那么他为什么惨败了？原因在于"拒谏"，而拒谏的根源就是骄傲，他听不进诸葛亮对敌情和战争态势的分析，自信"自幼熟读兵书，颇知兵法，岂一街亭不能守耶？"到了街亭之后，又一次拒绝接受副将王平的意见。当王平据理力争时，他大发脾气，蛮横地把王平的意见顶了回去。就这样，刚愎自用使他一次次失掉纠正错误的机会，最终导致街亭失守，自己也被依法斩首；更严重的后果是，由于街亭的失守，诸葛亮进军中原的大计也无法实现了。

　　骄傲自满会让人失去理智和判断力。拿破仑，这

戒骄傲
虚心的人万事能成　自满的人十事九空

位曾席卷欧洲的军事天才,在滑铁卢之战中遭遇了命运的转折点。他因之前的辉煌胜利而滋生了过度的自信与骄傲,忽视了对手的坚韧与战略调整。1815年的那个雨天,拿破仑败给了由威灵顿公爵和布吕歇尔元帅指挥的联军。这场失败,不仅终结了他的帝国梦想,也成为后世"骄兵必败"的经典例证。对于正值青春、满怀激情的年轻人而言,拿破仑的故事是一则深刻的警示。它告诫我们,无论取得多大的成就,都不应被胜利的光环蒙蔽双眼,骄傲自满只会让我们在成功的路上越走越远,直至跌入失败的深渊。保持谦逊,不断学习,才能在人生的战场上赢得更加辉煌的胜利。

正因为骄傲会导致失败,古今中外兵家常常利用对方的骄傲情绪使其麻痹,然后战而胜之。三国时期,东吴的陆逊和吕蒙利用关羽"倚恃英雄,自料无敌"

> 有不知则有知,无不知则无知。
> ——张载
>
> **做人要谦逊、要虚心,不要觉得自己什么都懂、都知道。**

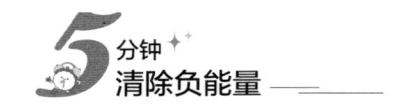

的弱点，设下"卑辞厚礼，以骄其志"的计策。他们安排老将吕蒙装病，由无名的年轻人陆逊当主帅。陆逊还故意派人低三下四地给关羽送礼。关羽看不起年轻的陆逊，又没有识破东吴的计策，很快把镇守荆州的兵调走一半，防备也松懈了。陆逊和吕蒙轻而易举地夺取了荆州。荆州易守难攻，以关羽的智力和英勇，不应当被年轻的书生陆逊所打败，然而，聪明反被聪明误，骄傲导致关羽失荆州，走麦城，丢性命。

有了成绩和进步，人们往往会产生一种满意和喜悦的心理。这是无可非议的。但是，如果将这种"满意"发展为"满足"，"喜悦"变成"狂妄"，从此目中无人，那就糟了。这不仅不会使已取得的成绩和进步变为通向新胜利的阶梯，反而会成为继续前进的包袱和绊脚石。无数事实告诉我们，真正有学问、有本事、有成就的人，都是老老实实的人。他们从来不骄傲自满，而是牢记错误和失败的教训。

英国著名生物学家、"进化论"的创始者达尔文，在接受英国作家哈尔顿为写《英国科学家的性格和修养》一书而做的采访时，有如下一段对话：

戒骄傲

虚心的人万事能成　自满的人十事九空

问：您的主要成就是什么？

答：没有。

问：您的主要缺点是什么？

答：不懂数学和新的语言，缺乏观察力，不善于合乎逻辑地思维。

问：您的治学态度是怎样的？

答：很用功，但没有掌握学习方法。

寥寥数语，反映了达尔文何等的谦虚。

被人们尊为"力学之父"的牛顿，在二十几岁就创立了微积分，发现了光谱，提出万有引力定律。他没有把功劳归于自己，而是谦虚地说：如果我所见的比笛卡尔要远一点，那是我站在巨人肩上的缘故。恰恰是那些一知半解的人，愚昧无知的人，最容易骄傲。这些人骄傲的本钱，有大有小，有的甚至没有什么本钱也骄傲，不就是盲目的、无本钱的骄傲吗？

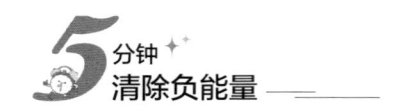

有麝自然香

阅读大约需要 3 分 20 秒

一些人出于虚荣心，遇事喜欢炫耀。有的初登文坛，就以老作家自居；有的方入艺界，就以名艺人自夸；有的只有点功片绩，也自鸣得意，尾巴翘到天上。究其原因，主要是这些人弄不清名誉与成就的关系。

> 名不徒生而誉不自长。
> ——《墨子》
> 名誉不会白白地到来。说明名誉是经过人的艰苦努力获得的。

戒骄傲
虚心的人万事能成　自满的人十事九空

世界上第一架有发动机和螺旋桨的飞机制造者——美国的威尔伯·莱特和奥维尔·莱特兄弟俩，早在1903年，就成功地进行了四次飞行。他们不写自传，不愿照相，不愿别人宣扬他们，但是，他们的名字传遍了全世界。事实生动地告诉我们：一个人的名誉是在实践中自然形成的，不是靠自己或别人吹出来的，"有麝自然香"。争来的名誉，吹出来的功劳，是虚假的，经不起时间的检验。当然，这决不是说人不能有名誉感或荣誉感，恰恰相反，人是要有一点名誉感的。正如辛弃疾在《破阵子·为陈同甫赋壮词以寄之》中谈到，一个人要努力"赢得生前身后名"。

周恩来同志曾经说过，名誉感可以使"有为之士益奋其勇气，以求闻达，不法之徒思考其过失，以补前愆"。建立在共产主义远大理想基础上的名誉感，以为人类做贡献为内容的名誉感，是一种高尚的精神情操，能给人以向上的力量，可以点燃自尊心的火种，化为成就事业的动力；也可以唤起失足者的良知，促使其痛改前非。一个人没有名誉感，就等于失去了

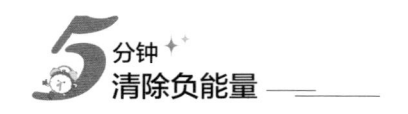

上进心。

但是，荣誉只能说明你的过去，不能证实你的将来。放射性元素钋和镭的发现者，著名女科学家居里夫人曾两次获得诺贝尔奖，在世界上享有盛誉。一天，她的一个朋友到她家中做客，看见她的女儿正在玩一枚英国皇家学会颁给她的奖章，便惊奇地问道："居里夫人，现在能够得到一枚英国皇家学会的奖章，是极大的荣誉，你怎么能给孩子玩呢？"居里夫人听后淡淡地笑了笑，回答说："我想让孩子从小就知道，荣誉就像玩具，只能玩玩而已，决不能永远守着它，否则将一事无成。"

郭沫若是我国文坛上的一颗巨星，但他从不自满自足。1959年春，他在广州完成历史剧《蔡文姬》的写作后来到上海，邀请了戏剧界十几位同志帮他修改剧本。著名戏剧家于伶是郭沫若的老朋友，这次也来参加座谈会，并带来了《沫若文集》第一卷，想请郭沫若给他签名留念。郭沫若签名时先在卷首写上"于伶"的名字，然后又写上"指正"二字。于伶忙说："郭老，我是请你给我签个名字留念，你怎么能这样

戒骄傲

虚心的人万事能成　自满的人十事九空

写?""我们是老朋友,怎么不能这样写?"郭沫若一边说着,一边又在"指正"二字前面加上"我特别希望你不客气地指正",使在场的同志都很感动。郭沫若的这个故事,给了我们一个生动的启示:盛名之下更应谦虚。

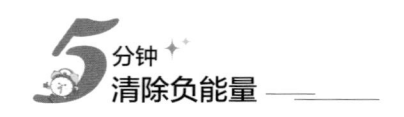

权力不能使卑劣的人变得高尚

阅读大约需要 4 分 8 秒

1923年12月,孙中山在岭南大学怀士堂发表《在广州岭南学生欢迎会的演说》,鼓励青年学生"立志要做大事,不可要做大官"。孙中山先生在这篇专谈立志问题的演讲中,一开头就对岭南学生说,你们是我国"后起之秀"。他希望青年学生将来担负起建设国家的责任,使中国富强起来。他反对学生立封建文人之"志",也反对某些留学生所立的有失民族尊严、背离祖国利益之"志"。他要求学生立大志,其大志主要包括四个方面的内容:一是要做大事,不要

戒骄傲

虚心的人万事能成　自满的人十事九空

做大官。他说:"古今人物之名望的高大,不是在他所做的官大,是在他所做的事业成功。如果一件事业能够成功,便能够享大名。"孙中山主张做的"大事",就是"为大家谋幸福"的事。二是要用脚踏实地、有始有终、不到"彻底成功"不罢手的精神,努力发展科学事业。孙中山说,微生物虽小,但法国人柏斯多对它进行彻底的研究,并取得"具体结果,贡献到人类",成就"一件很大的事"。由研究蚂蚁和小虫开始创立进化论的英国生物学家达尔文,更是立下了"驾乎皇帝"之上的大功劳,比皇帝还有名气。三是要像"耕田佬"后稷那样,"教民稼穑",大力发展农业,为祖国的繁荣富强而奋斗。四是要"振作精神"。孙中山认为,中国是一个文明古国,现在却成为贫弱国家,是"几千年以来从古没有的大耻辱"。他呼吁大家要立志"重新建设",使中国"转弱为强,化贫为富"。

孙中山的这一席话,就是要求我们,青年,要立志为国家、为民族办大事;而要办大事,就得有真才实学,过硬本领。

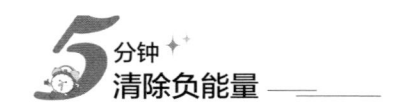

有的人不懂得这一道理，自己有点小成绩，或工作的"门"入得好，就觉得自己了不起。至于自己的本事究竟有多大，造诣究竟有多深，却很少考虑。殊不知，地位的高低并不等于才智的深浅。就像《生死牌》中的贺三郎、《春草闯堂》中的吴独、《醉戏权贵》中的杨国忠、高力士，都是处尊居显的人物，但他们文不能答对，武不能出征，除嫖赌逍遥、为非作歹外，再没有别的本事。

还有一种人，一旦走上领导岗位，就觉得自己的本事自然大了，这也是不实在的。当然，站得高了，视野广了，知识面宽了，这是有的。但是，凡事总有个学习和熟悉的过程。一个人不论在什么职位、职位有多高，都得分析新情况，研究新问题，继续下苦功夫学习，不能孤芳自赏，止步不前。

究竟应该怎样对待权力和地位呢？正确的态度应该是，权力越大，地位越高，越要谦虚谨慎，力求上进。道理很简单，一个人的权力越大，负责的范围也就越大，一个人的地位越高，在社会上的影响也就越大，如果没有求实的精神和高超的本领，就不能获得

戒骄傲

虚心的人万事能成　自满的人十事九空

理想的效果。所以，我们每一个人，凡在一个新的起点扬帆起航时，都要紧紧握住谦虚的望远镜，把住诚实的舵轮，兢兢业业、全力奋力向前。只有这样，才能到达理想的彼岸。

成就是谦虚者上进的阶梯

阅读大约需要 4 分 13 秒

　　五代南唐时期，北海人郭乾晖与天台人钟隐都是画鹰能手，名重一时。然而钟隐总觉得自己的画不如郭乾晖的好，想去拜他为老师再学习。但他知道，郭乾晖对于自己的技术十分保密，从不肯教人，于是便想了个法子，改名换姓，到郭家当用人，干勤杂工作。每当郭乾晖作画的时候，他便在一旁暗暗地观察，将其技巧熟记于心中。这样过了一年多。一天，钟隐心有所得，偶然乘兴在墙上画了一只鹰，其旁的用人马上报告郭乾晖。郭急忙去观看，大吃一惊，问

戒骄傲
虚心的人万事能成　自满的人十事九空

道：你是不是钟隐呀！钟隐连忙跪下，将自己的心思和来意说明，并请求留下做徒弟。郭乾晖感其诚心，就把自己画鹰的全副本领教给了他。

钟隐虚心求教的精神，至今仍对我们很有启迪：一个人只有深深地感到自己的不足，才会像久渴的人遇到清泉那样，把学习别人的长处和钻研科学文化知识当成一种强烈的需要。即使头脑比较迟钝、才能比较平庸的人，经过长期的努力，也能做出成绩来。古今中外许多知名的学者，有成就的人，并不是一开始就比别人聪明能干，都是长年累月虚心学习，勤奋努力，而逐步获得成功的。

爱因斯坦小的时候并不伶俐，三岁才会说话，父母和周围的人认为他智力迟钝，同学讥笑他"笨头笨脑"，甚至老师也说他"永远也不会成才"。但是，后来的事实与人们的预料相反。他一生中总是虚心地学习，勤奋地钻研，不自满于已获得的成绩，也不屈服于前进中遇到的各种困难。他26岁创立"光量子学说"和"狭义相对论"，37岁创立"广义相对论"，一跃成为科学界的巨星，被誉为"20世纪最重要的科学

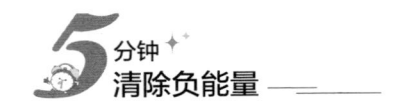

家"之一，在一连串称号和荣誉面前，他毫不自傲，也没有故步自封，仍然严谨地审视着自己的不足和失误，诚心诚意地向别人学习。

  一个真正高明的人，有出息的人，对知识始终有诚恳的态度。法布尔写《昆虫记》花了 30 年光景，马克思写《资本论》、摩尔根写《古代社会》打磨了 40 年，歌德写《浮士德》前前后后有 60 年之久，李约瑟 37 岁开始著书《中国科学技术史》，80 多岁时，才只完成两大卷。

  苏东坡抄《汉书》的故事，更是感人至深。友人朱载上听说苏东坡在抄《汉书》，特意登门拜访，不解发问：以先生的天分，看一遍就可以终生难忘，何苦还要用手抄录呀？东坡笑笑说：不，天才是没有的，要想求得真才实学，不下苦功是不行的。我读《汉书》到现在已抄了三遍。开始时，《汉书》上每一段事，我抄三个字为题目，第二遍，抄开头两个字，现在只抄一个字为题目，这样背诵起来就不会忘记了。朱载上听后很是钦佩，就读了一个字的题目，苏东坡照题背诵几百个字，同《汉书》原文无一字之差。朱

戒骄傲
虚心的人万事能成　自满的人十事九空

载上接连试了几次，东坡熟背如流。朱载上赞叹道：怪不得先生才学超群，原来是如此下苦功夫学习的。

马克思、法布尔、摩尔根、歌德、李约瑟如此，苏东坡如此，许多大学问家都是如此。他们一个共同的特点，是能清醒地认识自己所取得的成绩和存在的问题，能清醒地认识主观与客观、个人与集体的关系，一句话，能对自己和客观事物采取恰当的态度。

> 吾生也有涯，而知也无涯。
> ——《庄子》
> 一个人的生命是有限的，而宇宙是无限的，宇宙的事物每时每刻都在变化。旧的事物被认识了，新的事物又出现了。

无限的未知领域，大片的空白园地，有待人们去开拓。有抱负的人能认识到这一点，不会满足于一孔之见和一得之功，即使做出了成绩，也不会骄傲自满。

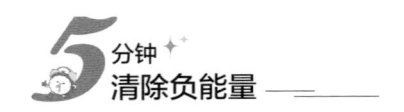

胜人者有力，自胜者强

"不要被生活中容易获得的小小快乐所引诱，而拒真正快乐于千里之外。"这句令人喜爱的箴言，敦促我们不懈努力，奋起向上。

很多有志青年惜时如金，发愤攻读，唯恐学无进步，徒有虚名，将来于社会无益。一个年轻人，在工作之余积极到夜校上课"充电"。他工作的单位离上课的学校有十多里路，四年时间，他骑车两万多里，栉风沐雨，坚持不懈。其中甘苦，一言难尽。某单位的一个临时工，坚持从百里之外跑到武汉大学写作讲习班听课。他是一家六口人生活费的主要承担者，每

戒骄傲

虚心的人万事能成　自满的人十事九空

个星期去上一次课的路费，得节省三天的开支来补足。他们为什么这样坚持不懈地努力呢？因为他们深深懂得，要想有所作为，担起重任，是要付出代价的，必须勤奋学习，艰苦奋斗。

> 胜人者有力，自胜者强。
> ——《道德经》
> **战胜别人的只能说有力量，而能克服自身的缺点才是真正强大。**

遗憾的是，也有一些年轻人，跨入了大学的校门，就认为自己进了"保险箱"。不思进取，虚度光阴。有的甚至振振有词，反正只要门门及格，拿到毕业证就可以了。但是，证书不能等同于能力。没有能力，证书也只是一纸空文。大学时代正是培养能力的好时光。整洁的校舍，幽美的环境，齐全的设备，学识渊博的老师，高度集中的时间，条件何等优越。一个人要自立于社会，一个民族要屹立于世界民族之林，不学习怎么行？如果把生活的目标仅仅放在一张

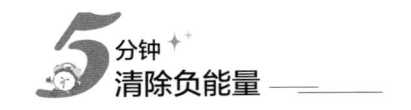

证书上，岂不降低了人生的价值？证书到手，只标志着大学的毕业，而在追求真理的人生大学校里，我们是永远不会毕业的。如果说，拿到证书能使你兴奋一时的话，那么，徒有证书没有能力将会使你抱憾终生。

戒骄傲
虚心的人万事能成　自满的人十事九空

金无完赤，人无完人

阅读大约需要 3 分 4 秒

《战国策·齐策》中记载着这样一个故事，叫《邹忌讽齐王纳谏》。齐威王之相邹忌，身高八尺多，容貌漂亮有风度。一天早上，他穿戴好了衣帽，照着镜子，问他的妻子：我跟城北的徐公，谁漂亮？他的妻子说：你漂亮极了，徐公哪能比得上你呀！城北徐公，是齐国的美男子。邹忌自己不相信，又问他的妾室：我跟徐公比，谁漂亮？妾说：徐公哪能比得上您呀！第二天，有位客人从外边进来，邹忌坐着同他聊天，问客人：我和徐公谁漂亮？客人说：徐公不如您漂亮啊。过几天徐公来了，邹忌仔细地看他，自己认

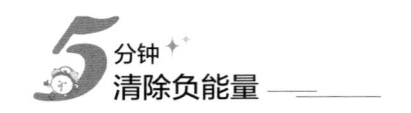

为不如。照着镜子看自己，更觉得不如，相差很远。晚上，他躺在床上左思右想，终于悟出了一番道理：我的妻子说我漂亮，是因为偏爱我；我的妾说我漂亮，是因为怕我；客人说我漂亮，是因为想求我帮忙。于是，邹忌拜见齐威王，说：我确实知道自己不如徐公漂亮。可是，我的妻子偏爱我，我的妾怕我，我的客人想求我帮忙，都说我比徐公漂亮。如今齐国方圆千里，城池一百二十座。宫里的后妃和左右伺候的人，没有谁不偏爱大王；朝廷上的臣子，没有谁不怕大王；国境之内，没有谁不向大王请求帮助。从这点来看，大王受到的蒙蔽更厉害啊！齐威王说：好！就下了一道命令：文武百官和百姓能够当面指出我的过错的，受上等赏；写信规劝我的，受中等赏；能够在公共场所指责议论我让我听到的，受下等赏。命令刚下达时，大家纷纷进谏，宫门口和院子里像闹市一样人来人往；几个月以后，要隔一些时候，才间或有人进谏；一年之后，虽然有人想说却没有什么可以进谏的了。这则故事，说明一个人应该有"自知之明"，更应该虚心听取他人的意见。

戒骄傲

虚心的人万事能成　自满的人十事九空

金无足赤，人无完人。美好的事物常常不以完美无缺的形式表现出来。一个经常发现自己的不足而又从不讳言自己过错的人，才能永不停顿，永远向前。"责备是朋友的礼物"，就是这个道理。清代学者朱起凤在海宁安澜书院代阅课卷时，一天，看到学生课卷中有"首施两端"一词，以为是"首鼠两端"的笔误，于是批注说"当作首鼠"。不料引起全院哗然，说他连《后汉书》都没有读过，怎能批阅课卷？此后，朱先生潜心读书，积三十年功力，著成了三百万字的《辞通》。朱先生说，这是"昔时一骂之力"。

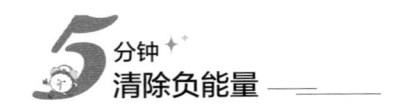

虚心使人进步，骄傲使人落后。

谦受益，满招损。

要想懂得一门知识，先得承认自己无知。

马的架子越大越值钱，人的架子越大越卑贱。

荷叶包不住刺菱，缺点瞒不住众人。

荣誉不是自我欣赏的装饰品，而是激励我们前进的号角。

对待困难的回答永远是战斗；

对待战斗的回答永远是胜利；

对待胜利的回答永远是谦虚。

奢侈

历览前贤国与家
成由勤俭败由奢

勤俭兴国兴家，奢靡亡国亡家。可以说，奢侈之害甚于天灾。常将有日思无日，莫待无时思有时。我们应当常怀忧患意识，于富足之时便思及匮乏之日，切勿等到资源困顿、枯竭之时才追悔莫及，空叹往昔之美好。

戒奢侈

历览前贤国与家　成由勤俭败由奢

奢侈之害甚于天灾

奢侈自古有之，其危害之大，比水灾、火灾、瘟疫还要厉害。

三国时蜀国的开国皇帝刘备，因重用诸葛亮等人才而受到后人的称赞。他死后，他的儿子刘禅即位，蜀国很快就被魏国灭亡了，刘禅也做了俘虏，被迫迁居洛阳。一天，司马昭设宴，安排表演蜀国的歌舞。蜀国来的官吏看了都很悲伤，唯有刘禅喜笑自若，毫无亡国之恨。过了几天，司马昭问刘禅：想不想蜀国？刘禅回答说：这里好，我不思念蜀国。司马昭听后心中窃笑：真是扶不起的阿斗，难怪会亡国。这就

是成语"乐不思蜀"的故事。

丰富的物质生活和文化生活能给人以享受。但是，奢侈浪费、挥霍无度，不是享受，只能说是一种精神刺激。这种精神刺激，诱使意志薄弱者俯首就范。这种精神刺激，是一种高级麻醉剂和腐蚀剂，一个人如果吞食了它，就会昏昏沉沉，蹉跎岁月，什么祖国的前途，人民的事业，个人的志向，都忘得一干二净。

希腊神话中有个"忘忧果"的故事。伟大的俄底修斯攻下特洛伊城以后，率领他手下的勇士在返回家乡伊塔克的途中，被朔风吹到了一个孤岛上。岛上居民热情地把一种叫作"忘忧果"的果子给勇士们吃。俄底修斯的勇士们被果实的甘美所迷惑，吃了忘忧果，然后便忘记了自己的事业，也忘记了自己的家乡、父母、妻子、兄弟、姐妹，留在岛上不想走了，俄底修斯只能把他们强行拖上船离开。得了"奢侈症"的人，如同吃了忘忧果，只知道吃喝玩乐，是很危险的。

奢侈会让人走向歧途。奢侈的欲望没有止境，而

戒奢侈

历览前贤国与家　成由勤俭败由奢

一个人的物质财富却是有限的。一个无限，一个有限，就成了矛盾，家庭财政就会出现赤字。当家庭财政出现赤字时，奢侈者往往采取非法手段来进行弥补；当他们自己的口袋里拿不出更多的钱，但又想吃好的、穿好的、用好的，就把国家的、集体的或别人的财产占为己有。

奢侈甚至可以丧国。西周时的周幽王，不理国家大事，只知吃喝玩乐。他派人到各地寻找美人。后来有人给他送来一个美女，叫作褒姒。可褒姒并不喜欢幽王，进宫后没有露过一丝笑意。为了使她笑，周幽王出了一个赏格：谁能让褒姒笑一下，赏赐千金。虢石父献了一条计策：晚上点燃烽火，让诸侯误以为敌人打来了，一齐发兵，上个大当，到时候让褒姒去看诸侯们的狼狈相，一定会大笑一场。周幽王采纳了这个计策，褒姒看到荒淫的周幽王以烽火戏诸侯，果然笑了一下。后来，敌人真的打来了，诸侯们望着烽火，以为周幽王又在开玩笑捉弄他们，谁也不发兵，结果周幽王和虢石父都被敌军杀掉了，西周就这样亡国了。

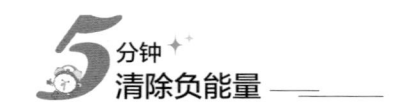

历史上不乏这样的例子。隋炀帝荒淫无度，穷奢极欲，引起农民起义，最后归于灭亡。南宋偏安江南，本应发愤图强，收复失地，但以赵构为首的统治集团，整天沉浸在西湖歌舞之中，"暖风熏得游人醉，直把杭州作汴州"，终于把宋室江山送于他人。这些教训不是很深刻吗？

戒奢侈

历览前贤国与家　成由勤俭败由奢

"千人饼"的故事

阅读大约需要 3 分 7 秒

勤俭节约，省吃细花，是我国劳动人民的传统美德。多年来，民间普遍流传着"粮收万担，也要粗茶淡饭""谁知盘中餐，粒粒皆辛苦"的格言。

"千人饼"的故事，讲的是从前有个孩子很不珍惜粮食，他母亲为了教育他，就约定个时间给他吃"千人饼"。这孩子心想，"千人饼"一定又大又香，特别好吃！好不容易等到了这一天，谁知母亲给他的竟是一块普普通通的烙饼。母亲见他不解其意，就严肃地对他说："孩子，这张饼能送到你嘴边，得经过一千个人哪！"孩子还是不信，说："不就是母亲一个

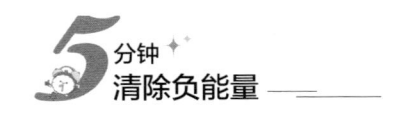

人烙的吗？"他母亲掰着手指，一五一十地给他算开了细账。这饼是什么做的？是玉米面。玉米面是从粮商那里买的，粮商是从农村收购后，用大车运来的。农民种玉米，要用犁、锄，犁锄要靠铁匠打造，打铁要靠矿工采矿、采煤、冶炼。耕地要用骡马，骡马要从外地运来，运来前要有人喂养。烙饼要用铁锅，又要靠造锅匠。要用竹板，要从南方竹农处采买，运到北方加工。要用豆油，又得靠种大豆的农民，靠榨油工人。榨油工人的工具又得靠别的许多人提供。这样一算，可把孩子算服了。原来一块小小的烙饼，竟要经过那么多人的劳动！从此，这个孩子再也不糟蹋粮食了。

这个故事的内容虽然很简单，但给我们揭示了一个深刻的道理：一粥一饭，当思来处不易；半丝半缕，恒念物力维艰。同时，它生动地告诉我们，精打细算，省吃俭用，包含着对别人劳动的尊重和对劳动成果的爱护。

常言道：滴水成河，粒米成箩。这是一点不假的。有人算过这样一笔账，我们国家是一个 14 亿多人口

戒奢侈
历览前贤国与家　成由勤俭败由奢

的大国，每人每天节约一粒米，一年也可节约粮食近2000万斤，够7万人吃一年；如果每人每天节约一分钱，一年就可节约50多亿元。可见，杯筷底下的潜力是很大的。

我们都要懂得，任何一种物质财富，都要通过劳动人民辛勤的双手才能取得，懂得"勤勤俭俭粮满仓，大手大脚仓底光"的道理。

"红米饭，南瓜汤，秋茄子，味道香，餐餐吃得精打光"，这是一首充满乐观主义精神的歌谣，战争年代，曾激励着无数革命战士振奋精神，奋勇向前。现在，虽然多方面的条件大为改观，人民生活水平日益提高，但是，也应该勤俭过日子，克服奢侈的痼疾，不把他人辛勤劳动创造的成果，白白地在"碰杯"声中浪费掉。

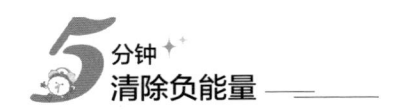

必防其渐

阅读大约需要 3 分 47 秒

一个人的奢侈恶习是逐渐染上并发展的。舜在位的时候，曾经打算为宫中造一批漆器。漆器并不是什么贵重的东西，但很多人来劝阻。对于这件事，唐太宗李世民不懂，曾经问谏议大夫褚遂良。褚遂良解释道："奢侈淫逸，就是危亡的开端。有了漆器不满足，必然要用黄金来做。有了金器还不满足，必然要用玉石来做。所以谏诤之臣必须在事情的开端就进谏，等到做完再劝谏就不起作用了。"

奢侈恶习，必防其渐。当下，个别年轻人刚刚参加工作，就讲究吃好的，穿好的，玩好的。工资不够

戒奢侈

历览前贤国与家　成由勤俭败由奢

花，不惜欠账也要"享受生活"。他们也许这样想：等以后涨了工资，收入多了，就不会欠账了。谁知收入的增长速度远远赶不上欲望的增长速度。胃口越来越大，账也越欠越多。

习惯的养成，与成长环境息息相关。有的父母认为："我们从小就吃苦，现在条件好了，不能让孩子再吃苦。"在条件许可的情况下，适当让孩子吃得好一点，穿得好一点，生活和学习环境舒服一点，是应该的。但是不可过度，应该引导孩子克勤克俭，不贪享受，不慕虚荣，教育孩子懂得衣食都是辛勤劳动的成果，感恩得到的一切。

> 谁知盘中餐，粒粒皆辛苦。
> ——《悯农》
> **每一粒粮食都是辛勤的劳动换来的，容不得半点浪费。**

年轻人如何防止染上奢侈的恶习？《战国策》鲁共公的一番言辞，是很能启发人的。

战国时期，梁惠王魏婴在范台设酒宴会诸侯，当酒饮到畅快的时候，惠王请鲁共公举杯祝酒。鲁共公

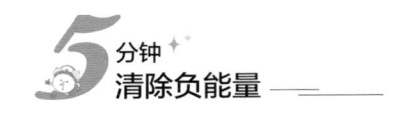

站起来，离开席位，说：从前，帝女令仪狄酿酒，味道很美，就进献给禹，禹喝了，觉得很甘美，于是疏远了仪狄，戒绝了酒，说：后世必定有因为饮酒而亡掉自己国家的人。齐桓公半夜里不舒服，易牙就把食物煎熬烧炒，调和五味，进献给桓公。桓公吃得饱饱的，睡到第二天早晨还没醒，醒了以后说：后世必定有因为贪图美味而亡掉自己国家的人。晋文公得了美女南威，整整三天忘记上朝处理政事，就推开南威，并且疏远她，说：后世必定有因为女色而亡掉自己国家的人。楚庄王登上强台，眺望崩山，左边是长江，右边是洞庭湖，他站在高处往下看，来回走动，快乐得忘记了死亡。于是在台上发誓再也不登这种地方，说：后世必定有因为大修宫殿园林而亡掉自己国家的人。如今您惠王的酒器里，就是仪狄的美酒，您的饮食，就是易牙烹调的美味，您左边的白台、右边的闾须，就是南威一样的美女，这前面的夹林，后面的兰台，就是强台那样令人快乐的景色。这几条，只要有一条就能够亡掉自己的国家，现在您条条具备，可以不警惕吗？梁惠王听了，连声称好。

戒奢侈

历览前贤国与家　成由勤俭败由奢

这里，鲁共公主要是从酒、味、色、乐四个方面提醒梁王魏婴防止奢侈恶习。今天，虽然我们的生活水平提高了，但决不可贪图享乐，放纵物欲，应该把思想和精力用在工作和学习上，陶冶自己高尚的情操，追求精神的富足。任何事情都有一定的限度，超过了限度，越出了界限，就会走向反面。这个界限在什么地方，我们应该像鲁共公所说的那样，从那些堕落者身上去寻找，把他们当作一面镜子，经常对照检查自己。

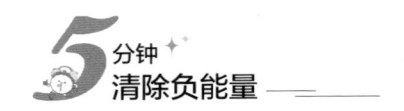

常将有日思无日，
莫待无时思有时

阅读大约需要 3 分 55 秒

有一个农村小伙，1981年上半年前家里还很穷。1981年下半年，他开了一个小小的商店。由于商店位置好，加上那时农村经商的人不多，收入很可观，第一年就收入600多元，第二年增加到1500多元，第三年2000多元。第三年，他和一个漂亮的农村姑娘结了婚。婚事办得很奢侈，光宴请就花了几千元。他这一年的利润和以前的积蓄全部用光了。有人劝他，收入多了，还是要节约。还有人警告他，这样下去，会好景不长。可他不信。他认为，现在收入年年增

戒奢侈
历览前贤国与家　成由勤俭败由奢

加,还怕以后没有钱用?婚后,他的精力没有放在经商上,而是放在吃喝玩乐上,加之个体工商户不断增加,他的生意很快萧条下去,收入锐减,家庭入不敷出。不凑巧的是,他的爱人又得了一场重病。最后,他曾经十分兴旺的商店倒闭了,将原来添置的一些高档商品变卖之后,还欠了2000多元的债。

> 常将有日思无日,莫待无时思有时。
> ——《警世通言》
> **在物资丰富时要考虑到以后物资缺乏的情况,不要等到一无所有以后再来回想以前的美好生活。**

这个家庭经济的兴衰,告诫我们一定要坚持中华民族勤俭节约的优秀传统文化。捉掉奢侈的"虫子",让勤俭美德成为心中自觉。

有的年轻人不同意这个观点,认为现在的生产力相比过去成倍地提高了,物质财富成倍地增加了,根本没有必要再按过去的老皇历办事了。

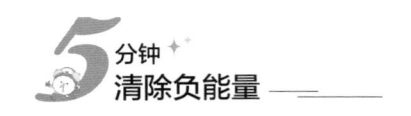

的确，近些年来，我们的生产技术水平大大提高，人民的物质生活水平也比过去大大提高了。但是，"天有不测风云，人有旦夕祸福"，谁都会遇到各种预料不到的困难和灾害。

从商品生产的角度来说，市场中面临着激烈的竞争。竞争必然导致优胜劣汰。胜者好办，皆大欢喜。汰者为难，要另找出路，争取东山再起。如何才能"再起"，经济基础很重要。如果我们在"胜"的时候就想到"汰"，积累一定的资金，即使"汰"了，也能"山重水复疑无路，柳暗花明又一村"。如果在"胜"的时候分光、吃光、花光，那么"汰"的时候难免就"束手无策"了！

从农业生产的角度来说，在中国这样一个幅员辽阔的国家，每一年都不可避免地出现局部性的水、旱、虫、风等自然灾害。一个地方如果出现人力不可抗拒的自然灾害，当年的收入就会受到不同程度的影响。如果我们没有一定的积累，碰到自然灾害就无法及时恢复生产。"丰年要当歉年过，碰到歉年不挨饿。"这是前人的深切体会。

戒奢侈

历览前贤国与家　成由勤俭败由奢

从我们每个家庭的角度来说，谁也不能保证永远不会遇到疾病和其他困难。我们可以加强锻炼，讲究卫生，增强体质，但即便这样，生病还是难免的。人生了病，不仅身体要承受极大痛苦，经济上也要承受巨大压力。每个人，每个家庭，都应当在精神上和经济上未雨绸缪，有了准备，在各种困难面前，才不会一筹莫展。

当然，在人力不可抗拒的灾害面前，单靠个人的物质积累是不够的，还需要社会的支持。今天，我们有优越的社会主义制度，党和国家千方百计地为我们排忧解难。一人有难，大家支援，这样，力量就大了。每个人都应当具有这样的思想觉悟：把别人的困难当作自己的困难，当发现别人遇到困难的时候，竭尽自己的所能给予帮助。如果人人都能这样，那么谁也不会惧怕灾害了！

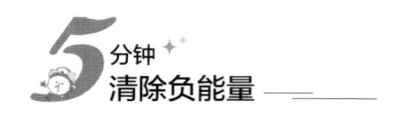

节俭是一种美德

与奢侈相反的是节俭。要防止沾染奢侈的恶习,就必须养成节俭的习惯。

有的年轻人认为节俭就是寒酸,会被人瞧不起。这是很不对的。勤俭节约是中华民族的传统美德。《周易》的节卦就是专门论述节制、节约思想的。《周易》把适度的节约称为"甘节",适度的节约可以让人感到甘美舒适,因而人们乐于遵从,进而崇尚节约的行为,养成节约的好习惯。节卦六四爻曰:"安节,亨。"安节即安于节约,把节约当成自己的行为习惯。在我国历史上,许多勤俭节约的故事至今传为美谈。

戒奢侈

历览前贤国与家　成由勤俭败由奢

徐悲鸿是 20 世纪中国美术界的一座艺术高峰。他年少时家境清贫，一次代表父亲去亲戚家吃喜酒，穿绸衫，被邻座客人的香烟烧了一个窟窿，从此发誓决不抽烟、不穿绸衣。徐悲鸿的一生，生活极其俭朴，穿的衣服常在旧货摊上买，买袜子总买半打，选的是同一颜色和质地，半打轮换穿洗，破了用其他的顶替。但他用自己的大量作品和社会活动争取海内外社会各界赞助，赈灾济民、支持抗战，还用自己的积蓄慷慨资助了很多学生和朋友，展现出一位艺术家崇高的爱国情怀和勤俭节约的优秀品质。

俗话说，由俭入奢易，由奢入俭难。一个人一时一事节俭容易做到，一辈子节俭却不是易事。要做到一辈子节俭，最重要的是树立正确的人生观、价值观。人为什么活着？奉行"人生在世，吃穿二字"的人，活着完全是为了自己，即使某个时候节俭一点，那也是为了他自身的需要，这种节俭肯定是不能持久的。

马克思主义认为，无产阶级的解放事业是全人类的事业，只有解放全人类，才能最后解放自己。

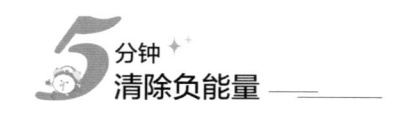

> 自己活着，就是为了使别人过得更美好。
>
> ——雷锋
>
> 雷锋是一位把自己短暂的一生全部献给党、献给人民的好战士。他立志不乱花一分钱，不乱买一寸布，不掉一粒粮，做到省吃俭用，点滴积累，支援国家建设，生动诠释了艰苦奋斗、勤俭节约的中华传统美德。

马克思的一生，是为人类解放不懈奋斗的一生，是为推翻旧世界、建立新世界而不息战斗的一生。他自己的大部分时间是在艰难困苦中度过的。他前后花了 40 年写作《资本论》，当《资本论》写成的时候，却因为没有钱付邮费和保价费而寄不出去。列宁的生活原则是不比工人群众过得更舒服。他的一件大衣，留有 1918 年遇刺时候的弹痕，一直穿到他逝世。

毛泽东同志在延安时，穿的一套旧军装有大小 16 块补丁。三年困难时期，他带头与全国人民一起吃苦，他给自己定下"三不"原则：不吃肉、不吃蛋、吃粮不超定量。毛泽东同志曾说："我们生活在这个世

戒奢侈
历览前贤国与家　成由勤俭败由奢

界上，不是为了吃世界，而是为了改造世界。这才是人，人跟其他动物就有这个区别。"周恩来同志规定自己的主食至少要吃三分之一的粗粮。他的一双皮鞋底磨穿了三次，缝起来再穿；他的牙刷只剩下一半毛，还继续使用；他用的毛巾也补上很多补丁；他的一件衬衣上更是有好多补丁。警卫员最后一次去请服务员缝补，服务员说："这衬衣破成这个样子，怎么补？"今天的年轻人不仅要学习老一辈革命家的革命精神，而且要学习他们勤俭节约的优良美德。

> 饱食暖衣，逸居而无教，则近于禽兽。
>
> 清贫、俭朴的生活，正是革命者能够战胜许多困难的地方。
>
> 由俭入奢易，由奢入俭难；勤俭建国家，永远是忠言。

戒

吝啬

当用不用非节俭
一毛不拔情难容

吝啬，就是过分爱惜自己的财物，当花的钱不花，当用的物不用，无论什么时候、什么场合，把钱看得比自己的命还重要。吝啬并不是节俭，而是人的一种惰性。合理的消费是必要的，不要用物质给自己筑起樊笼。

戒吝啬

当用不用非节俭　一毛不拔情难容

不要用物质给自己筑起樊笼

阅读大约需要 2 分 29 秒

《儒林外史》记载着这样一个故事。严监生的病一日比一日重，诸亲六眷都去问候，五个侄子过去找医生弄药。到中秋以后，医家都不下药了，严监生病重得一连三天不能说话。晚上屋里挤满了人，严监生喉咙里痰响得一进一出，总不得断气，还把手从被单里拿出来，伸着两个指头。大侄子走上前去问道：二叔，您莫不是还有两个亲人不曾见面？他把头摇了两三摇。二侄子走上前去问道：二叔，莫不是还有两笔银子在哪里，不曾吩咐明白？他把两眼睁得滴溜圆，

071

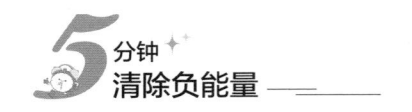

把头又狠狠摇了几摇。奶妈抱着孩子插口道：老爷想是因两位舅爷不在跟前，故此记挂。他听了这话，把眼闭着摇头，那手只是指着不动。赵氏夫人慌忙揩揩眼泪，分开众人，走上前道：爷，别人说的都不相干，只有我能知道你的心事。你是为那盏灯里点的是两根灯草，不放心，恐费了油。我如今挑掉一根就是了。说罢，忙走去挑掉一根。再看严监生，点一点头，把手垂下，就断了气。

法国作家莫里哀的剧本《吝啬鬼》中的阿巴贡，到处放高利贷，一心想发横财，却不知自己的儿子也是借债人。他把女儿嫁给不要陪嫁的老头，却要儿子娶有钱的寡妇。当他丢失钱箱后，竟急得上吊。

法国作家巴尔扎克在《欧也妮·葛朗台》中，塑造了一个由箍桶发家的守财奴。他为挣大钱，盘剥外人；为省小钱，刻薄家人。他坐拥财富，却住在阴暗潮湿破旧的房子里。他担心病重的妻子治病要花掉他很多的钱，在妻子过世后又谋划着让唯一的女儿放弃继承妻子的遗产。他对金钱的爱惜远远胜过自己和身边的亲人，临死前最后一句话，是叫女儿看守财产，

戒吝啬

当用不用非节俭　一毛不拔情难容

将来到另一个世界向他交账。

从严监生到阿巴贡，再到葛朗台，这些大作家笔下的吝啬鬼都惜财如命。尽管他们积攒下很多金钱，到头来却成为金钱的俘虏。"前车之覆，后车之鉴。"这些吝啬鬼的下场，给了我们一个深刻的启示：在人生的旅途中，不要用物质给自己筑起樊笼。

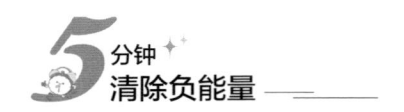

吝啬并非节俭

阅读大约需要 1 分 25 秒

有人可能认为，吝啬也是一种节俭。

《周易》把节约分为"甘节"与"苦节"，把过度的节约称为"苦节"，节卦上六爻曰："苦节，贞凶，悔亡。"苦与甘意思相反，过度的节约让人难以忍受，如果坚守以为常道的话，必然引起大家的怨言甚至反抗，因而苦节为凶。

凡事不能过头，过头往往走向反面。饭不煮不熟，煮久了难免会煳，菜不炒不香，炒久了势必烧焦；农民种地应深耕，但刨过表土，把老底翻上来，效果并不理想。花钱也是一样，节俭过了头，就成为

戒吝啬
当用不用非节俭　一毛不拔情难容

吝啬。

节俭是根据各人的实际情况，精打细算，合理使用，积下钱办大事；吝啬则不分什么情况，该花的钱不花，该用的物不用，惜财如命。节俭的基本思想是正确的理财观，吝啬的基本思想则是错误的守财观。理财适度，才有可能发财；守财成癖，往往导致毁财。

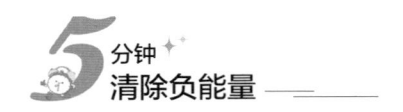

学会花钱很重要

阅读大约需要 4 分 30 秒

合理的消费是必要的，每个人都希望吃得好一点，穿得好一点，住得舒服一点，这是人之常情，无可非议。大家通过辛勤劳动提高消费水平，让生活蒸蒸日上，幸福美满。这不仅不是浪费，而且是一种积极向上、努力进取的生活态度。

近年来，随着社会的发展，人们的收入大幅提高。在饮食方面，大家不再追求吃"饱"，而是开始追求吃"好"，讲究饮食的健康与口味；在衣着方面，从"一衣多季"到"一季多衣"，服饰不仅有数量上的增加，款式色彩也变得更加丰富多样；在居住方面，

戒吝啬

当用不用非节俭　一毛不拔情难容

很多人已经住上了高楼新房，农村里也陆续盖起了小洋楼。随着物质生活的提高，文化精神享受也越来越高级。上影剧院看戏、看电影成为人们生活的重要组成部分，不少家庭还添置

> 取之有度，用之有节，则常足。
> ——《资治通鉴》
>
> 索取有限度，使用有节制，就能永远富足。

了智能电视、投影仪、VR游戏机等先进设备。手中有钱就得花，就得适当增加消费，使自己的生活过得好些。劳动者通过自己的汗水换取财富，让自己过上更加幸福美好的生活，这样的生活方式是健康向上、充满生机的。

收入提高，生活水平提高，是我们生活里司空见惯的现象。但是收入高就一定能生活好吗？也不一定。

生活比较好的往往是那些会理财的人，他们不因为自己手中有钱就滥花，而是通盘考虑，计划周密，把钱用到点子上。当用的钱舍得用，不该用的钱

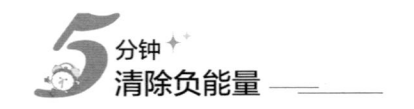

一分也不花。花钱有粗有细，真是把钱用活了。有的人，收入不比人家少，生活还是过得很拮据，往往就是不会花钱导致的。某地有一个养猪专业户，全家四口人，都是劳动力，每年收入都不少，按理生活应当过得很不错，可实际上吃、穿、住都没有多大改善。他们的钱到哪里去了呢？原来，他们每年的收入除留一部分作第二年的生产成本外，其余大部分用在请客送礼或者购置高档商品上去了，忽视了基本生活的改善，平时的吃穿住也就很一般了。由此可见，花钱也是一门学问。有了钱还要善于花，才能花到点子上。不然的话，只图名声，不得实惠，家庭生活水平还是无法提高。

如何把自己的钱用好用活呢？

第一，要精计算，巧安排。一个人收入多少，如何开支，要有精心安排。比如从事农业生产承包和个体经营，就要考虑好拿多少钱用在继续发展生产上，拿多少钱用于生活消费，比例一定要恰当。如果用于生产或经营的钱留少了，来年就不能继续扩大生产和经营，留多了，又影响当年生活的改善。靠工资收入

戒吝啬

当用不用非节俭 一毛不拔情难容

的人，花钱也要有计算，不能钱到手就马上花光，而是要规划好先买什么，后买什么，做到有步骤地、分层次地购买消费品，逐步改善家庭生活。

第二，要懂得一些市场知识，善于分析市场行情。购买商品不要追潮流、赶时髦，特别是更新换代快的商品。比如家用电器，要用时才买，不用就不买，更不必担心市场缺货，提前买来放在那里。如果为赶时髦抢先购买这类商品，可能会给自己经济上造成不必要的开支。对于一些日常基本生活用品，则要掌握时机。比如衣服不一定等到穿时才买，在淡季购买往往价格较低。一时没有自己需要的商品，就不急于买，先把钱存放在那里，等以后有了理想的再买。现在很多人采用的持币待购、选购的方法，是一种会花钱的聪明办法，可以做到少花钱多办事，既经济又实惠。

第三，要注意收集商品信息。有的人相信老牌、名牌产品质量高。然而随着技术进步，市场竞争激烈，青出于蓝而胜于蓝者屡见不鲜。所以，想要在购物上精打细算，就要经常留心市场动态，多向老用户

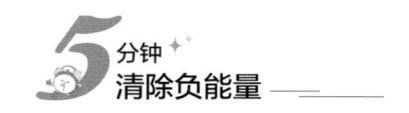

打听使用情况，这样才能及时掌握商品变化行情，添置物品不陷于盲目。

> 财产可能为你服务，但也可能把你奴役。
>
> 金钱是好的仆人，却是不好的主人。慷慨与其说是给予很多，不如说是给得及时。
>
> 保守是舒服的产物。
>
> 守财奴说金钱是命根，勤奋者看时间是生命。吝啬鬼永远处在贫困中。

懒惰

勤奋赢得果实累累
偷闲留下两手空空

勤奋的人能够充分利用时间，通过自己的努力和汗水，获得丰硕的成果，而那些懒惰、不思进取的人，则会因为浪费时间和机会，最终一无所获。

戒懒惰
勤奋赢得果实累累　偷闲留下两手空空

变从懒字始

阅读大约需要 3 分 13 秒

人的许多恶习都是由懒惰派生出来的。

懒而馋。不吃苦中苦，难得甜上甜。人不亲自参与劳动，就不懂得劳动的艰辛，总以为财富都是天上掉下来的，整天只知道张大嘴巴吃现成的。不干活的人常喊累，贪吃的人常叫饿。往往是这些人，越不做事越要吃，越吃嘴越馋。

懒而贪。财富靠勤劳创造，偷懒的人何来成果？自己一无所有，又要生活下去，怎么办呢？只好靠侵吞别人的劳动成果。

懒而奢。懒惰的人误认为幸福就是吃、喝、玩、

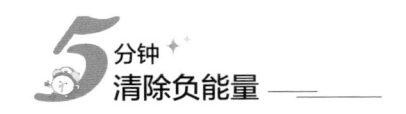

乐，尽情享受，热衷于追求奢侈的生活，不惜挥霍别人的劳动果实，把自己的"幸福"建立在别人的血汗之上。

如此等等，不一而足。所以说，懒惰是各种恶习的根源，这话一点不假。

勤奋的结果是幸福，懒惰的结果是痛苦。古往今来，因懒惰受到教训的人已有不少。有学业荒废，没有文化的；有坐吃山空，倾家荡产的；有亏空公款，受到法律制裁的；等等，情况多种多样，程度轻重不一。

《聊斋志异》中有一篇《崂山道士》，讲的是王七学道的故事。王七很想学一点本事，于是上崂山拜了师父。师父对他说："恐娇惰不能作苦。"王七表示能吃苦，就留了下来。第二天，师父给他一把斧头，要他去砍柴。王七砍了一个月柴，不堪其苦，要求回家。临行前，王七求师父教他一套进出墙壁的本事。师父只得教给他几句口诀。王七以为学到了本领，下山回家后，就大吹特吹。他的老婆不相信，为了夸耀自己的本事，王七当场表演起来。他用足力气，向墙

戒懒惰

勤奋赢得果实累累　偷闲留下两手空空

奔去，结果碰得头破血流。

还有一个故事。从前有个懒汉，身强力壮，什么活也不想干，整天想过所谓幸福的生活，吃喝玩乐，东游西荡。后来家产吃光卖光，穷得连稀粥也吃不上，才打算干点轻松的活计。一天，他听说世上有一种摇钱树，只要找到它，一摇便有钱，穷可变富。他欣喜若狂地到处找，找了九天九夜，毫无结果。但他仍然不死心，最后问到一位老丈。老丈对他说："摇钱树，两枝杈，每个杈上五个芽，摇一摇，开金花，创造幸福全靠它。"懒汉听罢，见无指望，只得一声长叹。其实，老丈所说的摇钱树，就是人的双手。

"汝要学马列，政治多用功。汝要学技术，专业应精通。勿学纨绔儿，变成百痴聋。少年当切戒，阿飞客里空。"这是陈毅同志写给他儿女的一段诗。他说的"百痴聋"，就是百事不懂，"阿飞"，就是为非作歹，"客里空"，就是弄虚作假。一个人如果养成了懒惰的习气，必然成为"百痴聋"的"纨绔儿"，成为"客里空"的"阿飞"。我们应牢牢记住陈毅同志的这首名诗。

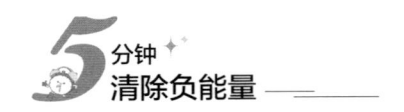

业精于勤荒于嬉

阅读大约需要 4 分 48 秒

"业精于勤荒于嬉",出自唐朝文学家韩愈的《进学解》。他说的这个"业",指的是学业。"业精"之道,就在于勤奋。

> 无惛惛之事者,无赫赫之功。
> ——《荀子》
> 不能专心一志,苦干一番,自然不会有显著的功绩。

戒懒惰

勤奋赢得果实累累　偷闲留下两手空空

谈起一些伟人，不少年轻人常常说："他们是天才！"天才，即天赋之才。比如卓越的诗人，像古代的李白，近代的郭沫若，等等。但是，"宝剑锋从磨砺出，梅花香自苦寒来"，这些伟人之所以在事业上有成就，主要还是靠艰苦的磨炼，靠勤奋。百步穿杨、铁杵磨成针、卖油翁的真本领，这些流传在民间的故事，揭示的都是这个道理。

$A = X+Y+Z$。这个公式是著名科学家爱因斯坦传授给一位年轻人的成功秘诀。传说，这位年轻人爱说废话而不爱用功，整天缠住爱因斯坦讨要成功的秘诀。爱因斯坦被缠得实在没有办法了，写下这个公式，并告诉他，A 代表成功，X 代表艰苦的劳动，Y 代表正确的方法，Z 代表少说废话。别看这个公式很简单，却包含着颠扑不破的真理。

马克思曾说："在科学上没有平坦的大道，只有不畏劳苦沿着陡峭山路攀登的人，才有希望达到光辉的顶点。"恩格斯也有这样的名言："如果我们要想做出点什么成绩，那就得苦干一番。"清代学者彭端淑还有过这样的论述："天下事有难易乎？为之，则难

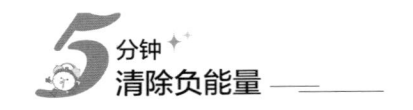

者亦易矣；不为，则易者亦难矣。"大意是说，"难"，在一定的条件下，可以转化为"易"，这个条件就是"为"，就是下苦功，就是"苦战"。如用公式中的字母说，须有"X"，才能取得"A"。靠说废话过日子，是无论如何也不能取得"A"的。古今中外，莫不如此。

国画家黄永玉画荷花很著名。为了画好荷花，他常常一个人走到荷塘之中，有时晚上还打着手电筒，钻到荷塘里去观察荷花，然后作画。有一天，他让儿子查看他十年期间画过多少荷花，他儿子翻箱倒柜，把一批批画稿都集中起来，然后分成100张一捆，一共有80捆，整整8000张。这8000张荷花图，是黄永玉辛勤汗水的结晶。是勤奋使黄永玉成了画荷花的专家。

杰出的药物学家李时珍编著的《本草纲目》，全书52卷，近200万字，共收录药物1892种，其中植物1195种，动物340种，矿石357种。它是我国医药史上一部划时代的医药著作，外国人称之为"东方医药巨典"，对人类贡献极大。郭沫若同志在李时珍

戒懒惰

勤奋赢得果实累累　偷闲留下两手空空

墓地的题词中这样写道："造福生民，使多少人延年活命！伟哉夫子，将随民族生命永生！"这位"造福生民"的"夫子"，在编著《本草纲目》的过程中，博览群书，翻阅了800多种书籍，拜访四方，踏遍了祖国名山大川，走过了几万里路，请教过上万个人，手抄笔录札记材料上千万字。李时珍追求精益求精，曾经三次大规模修改《本草纲目》原稿，每次修改都是几乎推翻原稿重新写过。成书时，他已是61岁的老人了，但他还不断地进行修订工作，直到76岁去世时为止。

大庆油田年轻的仓库保管员齐莉莉，管理着1082项、12万件器材。她对收得多、发得多的520多项、7万多件器材，不仅能够背出它们的名称、型号、规格、单价、数量和货位，而且能够闭上眼睛分毫不差地到货架上取下需要的器材。特别令人钦佩的是，她把520多项器材相关的2400多个数字，全记在脑子里，某种器材进货多少，发出多少，库存还有多少，不看账本，都一清二楚。大家都称赞她是"活账本"。小齐这手硬功夫，不是天上落下来的，不是靠说大话

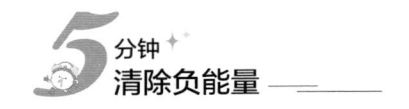

得来的，而是刻苦钻研的结果。

还有许许多多的科学家、艺术家、运动员等，他们之所以能作出突出的贡献，无一不是艰苦奋斗的结果。这就叫：功夫不负有心人，勤耕耘便会有收获。

中华民族是勤劳的民族，我们的祖先有吃苦耐劳的传统，我们年轻一代，沐浴着党的阳光，更应埋头苦干，持之以恒。

戒懒惰

勤奋赢得果实累累　偷闲留下两手空空

劝君莫唱明日歌

> 阅读大约需要 3 分 14 秒

"光阴似箭，日月如梭"，说的是时间的速度。"一寸光阴一寸金，寸金难买寸光阴"，说的是时间的宝贵。

军事家讲：时间就是胜利。

医学家讲：时间就是生命。

科学家讲：时间就是知识。

企业家讲：时间就是财富。

然而，懒惰的人却把时间看得无关紧要。他们不懂得人生活在一定的时间中，人的工作是以时间计算的，人的一生也是以时间计算的。人们在时间中前

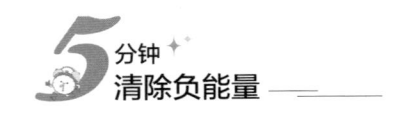

进，在时间中改造客观世界，在时间中写下自己的历史。这种人工作也罢，学习也罢，时间都抓得不那么紧。总认为有的是时间，不需着急，今日不行，还有明日。古人写过这样一首《明日歌》："明日复明日，明日何其多。我生待明日，万事成蹉跎。世人苦被明日累，春去秋来老将至。朝看水东流，暮看日西坠。百年明日能几何？请君听我明日歌。"全诗篇幅虽不长，读来却使人如梦初醒。

"时间就是生命""节省时间，就是使一个人有限的生命更加有效，等于延长了人的生命。"这些道理已被越来越多的人所理解。100多年前，德国发生过一个这样的故事。大诗人歌德的孙子，在自己的纪念册上抄了作家左拉的一句话："人的一生只有两分半钟的时间：一分钟微笑，一分钟叹息，半分钟爱，因为在爱的这分钟中间他死去了。"当时82岁高龄的歌德见到这段话以后，就在纪念册上为他孙子写下了这样的诗句——

戒懒惰

勤奋赢得果实累累　偷闲留下两手空空

一个钟头六十分，
一日累计超一千。
乳臭小儿应记取，
人生当有大贡献。

"一个钟头六十分""人生当有大贡献"，这是多么积极的乐观主义人生观！

伟大的无产阶级革命家周恩来同志，是光辉的典范。周总理数十年如一日，夜以继日、不知疲倦地工作。他经常每天工作十多个小时，连续地批阅文件，找人谈话，开会，接见，临睡时还要坚持读书，最大限度地利用一切可以利用的时间，被外国人称为"全天候周恩来"。

现在，我们许许多多的年轻人也是这样做的。他们把自己的时间用来学习科学知识，学习业务技术，认真工作和生活。在办公室里，在车间里，在田野上，在柜台旁，在课堂上，在图书馆中，在宿舍里，在训练场上，以自己的劳动和智慧描绘着一张张"时间配置表"，他们的青春在社会建设中焕发出万丈

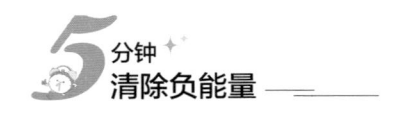

光芒！

从我做起，从现在做起，这句口号提得多好啊！革命者要做时间的主人。

> 莫等闲，白了少年头，空悲切！
>
> ——岳飞
>
> 要抓紧时间为国建功立业，不要空空将青春消磨，等年老时徒留悲切。

新时代新征程，每一个年轻人，都必须拿出自己最大的力量，努力为中华民族伟大复兴而拼搏！

祖国在召唤着我们，胜利在等待着我们。

年轻的朋友，灿烂美好的前景就在眼前，勇敢地加入战斗吧！

戒懒惰

勤奋赢得果实累累　偷闲留下两手空空

鸟美在羽毛，人美在勤劳。

寒天不冻勤织女，荒年不饿苦耕人。

舒适的生活磨损意志，

艰苦的斗争陶冶英雄。

劳动者能把石头变成金子，

懒惰人会把金子变成石头。

没有上坡时的艰辛，哪有下坡时的轻快。

机不可失，时不再来。

戒

贪婪

人心不足蛇吞象
世事到头螳捕蝉

有这样一种人，他们时时想把世界上的一切财富都据为己有，从来不满足自己已经拥有的，一味地追求更多的利益和享受，可谓"欲壑难填"。这种贪得无厌的人，哪个有好下场呢？只有戒掉"贪婪"的弊病，才能回归最纯粹的心境。

戒贪婪

人心不足蛇吞象　世事到头螳捕蝉

须知"利"之"害"

阅读大约需要 5 分 15 秒

物质财富，是一刻也不能缺少的。但是，如果采用不正当的手段谋取物质财富，就会变得有害了。对于这个问题，明太祖朱元璋在批评一个因贪污而获罪的下臣时说了一番十分深刻的话：你只知道钱财的好处，而不知道钱财的害处，只知道爱钱财而不知道爱自己的声誉，人们的愚昧还有比这更厉害的吗？对不属于自己的财产过度渴望，就称之为"贪婪"。贪婪让人在无尽的欲望中迷失方向，让灵魂蒙上灰尘。

谋取不义之财，会影响他人的利益，影响集体利益和国家利益。对于自己，害处也是很大的，轻者要

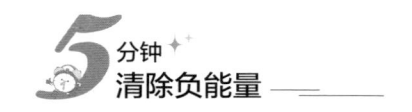

受到良心的责备和道德的审判，重者则要受牢狱之灾，甚至招来杀身之祸。

谋取不义之财而受到良心的谴责，说明这些人还懂得"羞耻"二字。人世间那些没有灵魂、不知羞耻的人，他们巧取豪夺之后，心里是否就很坦然呢？并不。有道是：人心似铁，官法如炉。无情的法律威慑着他们，为了逃避法律的制裁，所有的非法活动都只能在阴暗的角落里进行。"为人不做亏心事，半夜敲门心不惊。"谋取了不义之财，做了亏心事的人，就是白天听到敲门也常常心惊肉跳。一旦事情败露，受到党纪国法的制裁，滋味就更不用说了。思想上时时刻刻的高度紧张和精神上的无情鞭打，是最奢侈的物质享受也补偿不了的。

某地有个商贩，偷漏了大量国家税收。由于政策的感召，他主动交代了自己的问题，并如数补交了全部税款，得到从宽处理。处理结果宣布后，他心里一块石头落了地，告诉别人：自第一次偷税以来，一家人就提心吊胆过日子。先是怕"东窗事发"，假账做了一次又一次，真账藏了一处又一处。平时，如果旁

戒贪婪

人心不足蛇吞象　世事到头螳捕蝉

人有意或无意提及偷税问题，一家人便心惊胆战。后来，是怕入狱坐牢，一听到税务机关和司法机关来人，一家人就魂不附体。他奉劝世人以他为戒，一定要奉公守法，莫贪不义之财。这种内心的煎熬与折磨，不只是偷税者独有的，贪污者、盗窃者、诈骗者、各种以权谋私者……何尝不是这样？

一个人为什么起贪婪之心，不择手段地去满足自己的私欲？

有的年轻人认为，盗窃、贪污等行为的发生，是由于贫穷。他们说，不是有句老话叫作"饱暖思淫欲，饥寒起盗心"吗？这种认识是片面的。陶渊明出任彭泽县令时，浔阳郡督邮刘云来检查公务。刘云凶狠贪婪，要求下属恭敬迎接。县吏建议陶渊明穿戴整齐、备好礼品去见督邮，陶渊明却说：我不能为了五斗米的薪俸，去向小人低头。他随即取出官印，写好辞职信，离开彭泽，从此隐居南山，不再为官。陶渊明虽然身份微寒，但仍能坚守自己的原则和尊严，不为利禄所动，"不为五斗米折腰"的名言也由此流传开来。

5分钟清除负能量

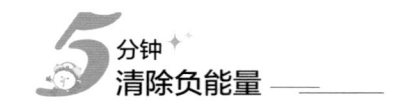

对于头脑中充满贪婪思想的人,"利"是一种迷魂汤。《列子》中有这样一个故事。齐国有个很想得到金子的人。一天早晨,他到市场上去,走到卖金子的地方,抓了金子就往回走。巡官把他抓住,问他:主人还在那里,你怎么抓人家的金子?齐人回答:我抓金子的时候,没看到别人,只看到金子。齐人在光天化日、众目睽睽下就去抓人家的金子的故事,说明一个人如果利欲熏心,就会利令智昏,对客观现实视而不见,听而不闻。"盗心"决不是贫穷所致,而是由贪心所生。

一个人的贪心不是一下子就膨胀起来的,是从无到有、从小到大,逐步发展起来的。俗话说:"做贼偷针起。"上海一家洗染店有一项来料尼龙丝染色业务,由于技术上的原因,加工后的尼龙丝往往与来料重量不一致。职工龚某告诉洗染店的工场负责人蔡某,这里头可以做手脚捞外快,被蔡某顶了回去。可是过了几天,龚某悄悄塞过来一把钞票:"老蔡,请拿外快。""什么外快?""上次多的一点尼龙丝。"当时,蔡某的手像碰到烙铁一样缩回来:"这不行的。""哎呀

戒贪婪

人心不足蛇吞象　　世事到头螳捕蝉

老蔡，你不要傻了，有的捞为什么不捞，又没有人知道。"就这样，龚某把"外快"塞进了他的口袋。第一次尝到甜头以后，贪心就产生了。蔡某与龚某共同策划，对客户编造种种谎言进行欺骗。他们先后9次克扣尼龙丝，一次比一次多，总量达360多公斤，赃款达12000多元，最终受到法律的制裁。

不劳而获的甜头尝得越多，胆子就越大。北京有两个普通工作人员，组织了一个所谓的公司，大搞诈骗，在短短一年半时间里，先后利用各种不正当关系和非法手段，与各个国家机关及企事业单位签订40多份空头合同，骗取290多万元。法律是无情的。最后，他们都受到了应有的惩罚。

钱财如粪土，人格原无价

阅读大约需要 3 分 40 秒

有一篇外国小说《彼得·史勒密尔的奇怪故事》。穷苦的青年彼得由于受到金钱的引诱，用自己的影子换取一只幸运袋，袋中永远装满金钱。他用钱添置家产，使唤仆人，买了许多贵重的东西和珍宝，住进了最华丽的旅馆，坐上了头等马车。虽然他的生活像国王一样奢侈和阔绰，却感到孤寂和痛苦，因为他没有影子，不能在阳光下出现。幸运袋使他与整个社会隔绝了，人人投以讥笑。美丽的姑娘不愿见到没有影子的人，连儿童也说："规矩的人总是带着影子在阳光下

戒贪婪

人心不足蛇吞象　世事到头螳捕蝉

行走。"这时，他才感到影子的价值远比金钱贵重。他想请画家画一个影子，但画家告诉他，画出的影子只要人移动就会失去。最后，理智终于战胜了金钱的诱惑，他清醒了：一个人要在社会中生活，必须首先珍爱自己的影子，然后再珍爱金子。彼得毅然放弃财富，收回了自己的影子，把自己的一生献给了科学事业。彼得出卖的"影子"，其实就是灵魂，就是人格。

《左传》中有这样一个故事。春秋时期，宋国有个人得到一块宝玉，把它献给了司城官子罕，子罕不受，说：我认为人格是最紧要的，不贪的品格是无价之宝。你认为宝玉是珍宝，假如你把宝玉送给了我，我们不是都失掉了自己的珍宝吗？还是让我们各自保存自己的珍宝吧！献宝的是一个穷人，他怕带着价值很高的宝玉不安全，要求子罕收下。子罕只好把宝玉留下，帮他请玉匠雕琢后卖掉，让他富裕起来，然后送

> 钱财如粪土，仁义值千金。
> ——《醒世恒言》
> **再多的金钱也比不上纯洁的人格珍贵。**

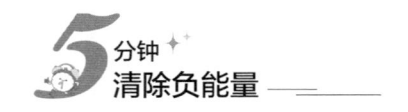

他回老家。人们往往认为宝玉价值连城，十分珍惜。但是，比起人格这无价之宝来，又算得了什么。许许多多优秀的中华儿女，为了维护民族的利益抛头颅洒热血，任何金钱的引诱也动摇不了他们。"生当作人杰，死亦为鬼雄"是他们的格言和信条。他们激励后人对人生充满豪情壮志，感受生的意义和死的价值。

金钱的诱惑无处不在，但切记不可被贪婪之心所蒙蔽。贪恋金钱，往往会让人迷失自我，甚至走上违法乱纪的道路。保持一颗清净的心，不为金钱所动，坚守自己的原则和底线，方能赢得他人的尊重和信任。让我们时刻警醒自己，勿让贪婪之火焚毁品德之林，以清廉之身，行正义之事。

金钱是腐蚀剂，是迷魂汤，年轻人的社会阅历少，若不想被金钱腐蚀，必须加强思想道德修养，加强人格锻炼。在金钱面前，要像黔娄那样，做到"邪之有余，不若正之不足"。黔娄是春秋时期鲁国人，为人正直，从未做过歪门邪道的事。黔娄病故后，孔子的学生曾子带着儿子曾西前去吊唁，并帮助料理丧事。黔娄家里很穷，覆盖遗体的布被太短，盖了头，

戒贪婪
人心不足蛇吞象　世事到头螳捕蝉

露了脚，盖了脚，又露了头。正在为难之际，年幼的曾西想出一个办法：把布被斜盖上不就够了吗？这时，黔娄的妻子急忙制止，说：千万不可。先生在世时经常教育我们"邪之有余，不若正之不足"。这样会违背先生的意愿。黔娄的高尚情操、高尚人格流传几千年，至今仍然值得我们学习。

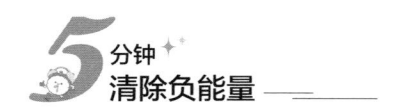

给后代留下什么

阅读大约需要 4 分 43 秒

贪得无厌的人，即使到了行将就木的时候，贪婪之心仍然不死。他们为的是给子孙后代留下一大笔财富，好让子孙后代也能过上奢侈的生活。为后代留下的遗产越多，他们心里就越踏实。

这里有两个问题值得讨论：一，是不是财产越多心里就越踏实；二，应该给后代留下什么。

东汉时有个叫杨震的太守认为，留下清白的遗风比留下巨额的物质财富，对后代更有价值。杨震自己为官清白廉洁，也不让子孙养尊处优，常要他们"蔬食步行"，也不为子孙攒钱置业。在"一人得道，鸡

戒贪婪

人心不足蛇吞象　世事到头螳捕蝉

犬升天""三年清知府，十万雪花银"的世道里，人们对杨震很不理解：他为什么这样对待子孙？杨震有自己的看法，他说："使后世称为清白吏子孙，以此遗之，不亦厚乎！"杨震的话是很有道理的。一个人能给自己的后代留下多少东西呢？就算留下"千钟粟"，子孙又能受用多久呢？俗话说，"坐吃山空"。遗产再多，也是有限的。后代光靠遗产怎么能受用无穷呢？《红楼梦》里的贾府，曾经是"白玉为堂金作马"的金陵四大家族之一，由于贾家的后代们纸醉金迷，奢侈无度，终把珠光宝气的宁荣二府败得精光。要后代生活得幸福，不能在留下多少财富上做文章，而应该教育后代如何去创造自己的幸福生活。

居里夫人是一位享有盛誉的女科学家。第一次世界大战期间，法国正为战争筹集资金，居里夫人决定将诺贝尔奖的奖金全部用来购买战争债券，以支援前线战事。当时，有人建议居里夫人将奖金留给两个女儿。居里夫人却认为：重要的不是留给孩子们生活费用，而应该是一种可贵的精神。在她的教育下，两个女儿后来都成为很有作为的人。说来凑巧，居里夫

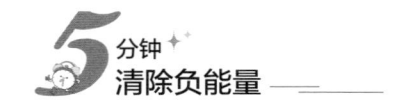

人女儿、女婿的学生,正是我国著名的核物理学家钱三强。钱三强的家里经济状况很好,但父母对他很严格,从不许乱花钱,使他从小就养成了俭朴的好习惯,24岁时靠奖学金到法国留学,后来成为我国著名的物理学家。钱三强的儿子钱思进也是一样。他1968年下放到农村插队,生活上碰到许多困难,写信向父亲诉苦时,得到的回信却是"你大了,不能依靠父母,要独立生活,学会自己走路"。正因为父亲钱三强的严格要求,钱思进不管每天劳动多累,都坚持在小油灯下自学,后来通过自学考试,成为中国科学院理论物理研究所的研究生。

革命前辈们作出了更加光辉的榜样。某军分区原司令员陈洛平,临终时对三个子女说:"你们不要指望我有什么财产留给你们,只有日本鬼子和国民党反动派留在我身上的三块弹片,分给你们一人一块留作纪念,看到它就应该艰苦奋斗,努力工作。"这是多么宝贵的精神遗产啊!俗话说:"父母难保百年春。"而这样的精神遗产,却可以使子孙后代保"百年春",甚至可以保"千年春""万年春"。

戒贪婪

人心不足蛇吞象　世事到头螳捕蝉

为什么留下清白的贤风,比留下巨额的遗产对后代更有价值?汉时的太傅疏广认为:对于子女,"贤而多财,则损其志,愚而多财,则益其过"。这是很有见地的。子女如果看到父母为自己留下大批遗产,容易养成依赖思维,缺乏独立生活的能力。一个缺乏独立生活能力的人,怎么能奋发有为呢?这种人的结局往往是一幕悲剧。教给子女艰苦创业的本领,培养他们勤劳勇敢的精神,他们才会有真正的幸福。

> 授人以鱼,不如授人以渔。
> ——《淮南子》
>
> **相比为子女留下物质财产,父母更应该为子女留下精神财富。**

如果父母为子女留下的遗产,属于不义之财,那就不仅是使子女养成依赖思维的问题,而是对子女的严重毒害了。因为,不论父母怎么隐瞒不义之财的来源,总是瞒不过子女的。如果没有另外的、更强大的

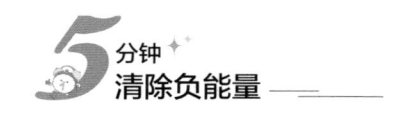

力量使子女摆脱父母的不良影响，贪财的"本领"就必然潜移默化，植根于他们的头脑之中。一个贪婪的人，将大批不义之财留给后代，无异于给后代留下一杯毒汁。如果强盗把自己的本性潜移默化地传给儿子，这样的儿子又怎能成为好人呢？

戒贪婪

人心不足蛇吞象　世事到头螳捕蝉

知足常乐

> 阅读大约
> 需要 5 分 29 秒

　　对于知识，对于事业，对于为党和人民作贡献，我们要永远进取，永不满足；对于社会给予自己的物质财富，给予的荣誉，要知足。老祖宗有句名言，叫作"知足常乐"。知足，就不会向别人和社会提出不合理的要求，就不会采取不正当的手段，也就不会受到良心的谴责，这样自然会怡然快乐。贪婪的人到处受到人们的唾弃和鄙视。而知足的人却处处受到人们的敬佩和尊崇。相形之下，知足的人自然会有无穷之乐。

　　一个人怎样才能做到"知足常乐"呢？

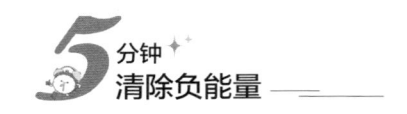

第一，不企图发横财。贪婪的人的信条是"人无横财不富"，一心想的是如何大发横财。一个人要发横财，除非从地里挖出一个金疙瘩来，不然就只能从别人手中夺取。一个知足的人，不但平时不会使用毒辣的手段去占有别人的财富，就是无意中得到不应当得到的财产，也总是千方百计地把它归还主人。俗话说得好："君子爱财，取之有道。"我们应该做靠自己的双手致富的君子，而不应该做用卑鄙手段发横财的小人。

> 罪莫大于可欲，祸莫大于不知足，咎莫大于欲得，故知足之足常足矣。
>
> ——《道德经》
>
> 天下的灾祸，没有比不知足更大的了。天下的罪过，没有比贪欲更大的了。所以只有知足的这种满足，才是永久的满足。人人知足，天下就太平了。

第二，不能雁过拔毛。贪婪的人不论做什么事，

戒贪婪

人心不足蛇吞象　世事到头螳捕蝉

总要占上一点。他们自己虽然有时也觉得不十分光彩，但又总是以"常在河边走，哪能不湿鞋"来原谅和安慰自己。对这种人，群众形容他们是"雁过拔毛"，无不投以轻视、蔑视的眼光。一个知足的人，应该是"常在河边走，就是不湿鞋"，就是在钱里打滚，都能始终保持手脚干净，廉洁清白。哪怕是在周围环境十分肮脏的情况下，也要做到像莲花一样，出淤泥而不染。

第三，不能以公谋私。贪婪本就是一个大祸害，如果贪婪的人手中握有大权，就更不得了了。历史上的每一个贪官，对于人民来说，都是一场灾难。知足的人为官，能够做到不以权谋私。他们认为，"要一文，不值一文"，应当"以馈送及门为耻"。明朝正统年间，在外边做官的人朝见皇帝，都要向本地老百姓搜刮许多土产品，以便献给皇帝和朝中权贵。河南、山西两省巡抚于谦，却根本不理会这一套。他每次进京，不带一物，还很风趣地扬起两只宽大的袖子说："我只带两袖清风去。"并且做了一首诗："绢帕麻菇与线香，本资民用反为殃。清风两袖朝天去，免得闾阎

115

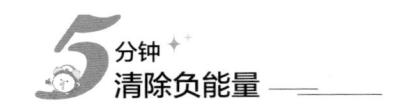

话短长。"像于谦这样两袖清风的人，美名流传千古。

贪官往往是从收礼开始的。一个人没有做官的时候，送人情者只有亲朋好友，而且总是礼尚往来。一旦做了官，就有一些非亲非故的人送礼上门。即使你不还礼，下次他照例送来。因为你收了人家的礼，就得利用手中之权，在公事上予以"关照"。这种"关照"，对送礼者来说，比"还礼"实惠得多。这就是贪腐的开始。

一个人为官要廉明清正，要有"悬鱼太守"的精神。东汉时候，一个叫羊续的人到南阳郡做太守。当时，南阳郡中请客送礼、托人办事之风盛行。羊续为了改变这种不正之风，决心从自己做起。一天，一个同僚提着一条又大又鲜的鲤鱼来看他。来人见羊续不收，就说：要是太守不肯收下，就是不愿意同我共事了。在这种情况下，羊续只好把鱼收下，让家里人用一条麻绳把鱼拴好，挂在自己的屋檐下边。过了几天，那人又来了，提着一条更大更鲜的鱼。羊续取下那条干硬的鱼说：你上次送来的鱼还在这里，你一起拿回去。从此，再也没有人给羊续送礼了。有人还给

戒贪婪

人心不足蛇吞象　　世事到头螳捕蝉

羊续起了个"悬鱼太守"的雅号。有了"悬鱼太守"这种精神，就可以做到"拒腐蚀，永不沾"。

第四，不乞求他人。贪婪的人为了金钱，可以奴颜媚骨，摇尾乞怜。知足的人总是时时注意爱护自己的名誉，维护自己的尊严。这是我们中国人民的传统美德。20世纪30年代，日本的内山完造先生在炎热的夏季看到上海的人力车夫和其他劳动者汗如雨下，就在内山书店前设立一个茶桶，由鲁迅先生供茶叶，内山书店供水。后来，内山先生发现在茶桶下常常有几个铜板，原以为是淘气的孩子误抛进去的，经过仔细观察，才知道是那些人力车夫特意留下的。人力车夫不知道内山先生对中国人民是友好的，更不知道茶叶是鲁迅先生所赠，他们不愿接受外国人的这一点施舍，便不吝惜被打被踢，甚至流了鲜血才换来的铜板来偿还。中国人民就是在这样的小事情上，也保持自己高尚的品德和尊严。这件事，深深地感动了内山先生，他在《一个日本人的中国观》一书中，高度赞扬中国人民的伟大人格。

5分钟清除负能量

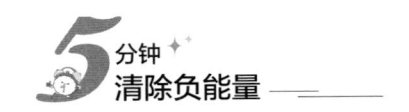

贪婪是罪恶之源。

贪食的鸟儿容易上枷,私心重的人容易被贪欲俘虏。

鸟翼上加了黄金,鸟就飞不起来了。

黄金的枷锁是最重的。

戒

嫉妒

嫉妒别人之时
实已毁坏自己

现代社会中,人与人之间交往密切,嫉妒也在隐秘的角落悄然生长。嫉妒别人的行为不仅会破坏你与他人的关系,还会让你的内心变得扭曲和丑陋,两败俱伤。认真探索一下这种不良现象的发生原因及其纠正办法,对个人对社会都有好处。

戒嫉妒

嫉妒别人之时　实已毁坏自己

同辈同行莫相妒

阅读大约需要 2 分 47 秒

嫉妒，在我们生活的各个领域，几乎都有它的影子。有妒人学业有成的，有妒人劳动致富的，有妒人升职加薪的，有妒人立功受奖的，有妒人漂亮聪明的，还有妒人爱情美满的。嫉妒的表现方式多种多样，或挖苦讽刺，或诽

> 大凡毁生于嫉，嫉生于不胜，此人之情也。
> ——王安石
>
> 一个人之所以诋毁别人，常常是因为嫉妒之心；之所以心生嫉妒，往往是因为自己不及人家。

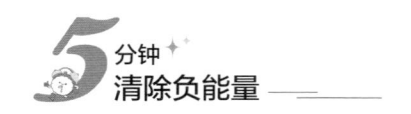

谤污蔑，或向领导打"小报告"，或在群众中散布流言。嫉妒是一种自私的表现，生怕别人超过自己。

　　嫉妒常常发生在同辈和同行人中间。一个老人，不会嫉妒一个天赋聪颖的孩子，唱戏的不会嫉妒画画的，科学家不会嫉妒舞蹈家。历史上"孙庞斗智"的故事，就是一个典型的同行相妒的例子。战国时期，孙膑和庞涓本是同窗好友，庞涓先下山，辅佐魏惠王，当了魏国的大将兼军师。后来孙膑也到了魏国。孙膑学业有成，精通兵法。庞涓因此嫉妒孙膑，经常在魏惠王面前说孙膑的坏话，并捏造罪名，使孙膑遭受削掉两块膝盖骨的刑罚。庞涓本以为把胜过自己的孙膑名声搞臭了，身体搞残疾了，天下就没有人胜过自己了。谁知孙膑后来被淳于髡、禽滑厘营救到齐国，齐威王拜他为军师。齐国和魏国打仗的时候，孙膑用添兵减灶的办法，诱杀庞涓于马陵道。

　　同辈同行为什么容易产生嫉妒心理呢？这得从羡慕心和争胜心说起。羡慕心，就是看到别人在某一方面取得优异成绩或者占有某种优越条件的时候，所产生的一种"眼红"的心理。争胜心，则是一心想超过

戒嫉妒
嫉妒别人之时　实已毁坏自己

比自己强的人。如果这种羡慕心和争胜心过了头，采取不正当的手段去打压别人，使自己出人头地，这就是嫉妒了。

同辈同行相妒还有一种特征，就是嫉妒者对不相识的成功者并不在意，最怕的是自己身边的人做出成绩。甲地的某人对于乙地的同行业的成功者并不怎样嫉妒。有机会会见，他还会说"相见恨晚"之类的客气话。但是，如果把乙地的那位同行调到甲地来，嫉妒者的嫉妒之心很快就会暴露出来。

嫉妒侵蚀着人与人之间的和谐，阻碍了个人的成长与社会的进步。团结一心，相互欣赏，才是推动社会向前发展的不竭动力。每个人都有其独特的价值和光芒，当我们学会欣赏他人的优点，鼓励彼此的成长，就能汇聚成一股强大的正能量，携手并肩，共同建设一个充满爱、尊重与合作的美好社会。

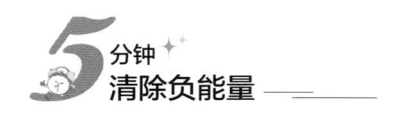

嫉妒是培养人才的大敌

阅读大约需要 3 分 43 秒

嫉妒，会毁灭人才。

社会建设需要千千万万的人才，需要人们"八仙过海，各显神通"。有嫉妒心的人却这样想："我不是才，要你也成不了才。""我不会过海，你也别想过海。"在嫉妒思想的影响下，人才的培养必然受到影响。有一幅漫画，叫作《武大郎开店》——凡是比掌柜高的就别想进来。武大郎本来就是矮子，用这样的标准选人，他的店里能有高大魁梧的人吗？领导者由于手中有权，嫉妒心一起，对人才的摧残也就加倍厉害。

戒嫉妒

嫉妒别人之时　实已毁坏自己

岳飞，是南宋的抗金名将，曾四次从军，参与、指挥大小战斗数百次，力主抗金，收复失地，因其治军有方，深受人民爱戴。南宋的奸

> 天下之治，由得贤也；天下不治，由失贤也。
> ——《上仁宗皇帝书》
> **善用贤才是治理好一个国家的关键所在。**

臣、主和派代表人物秦桧，却对岳飞心生嫉妒。绍兴十年，岳飞挥师北伐，屡破金军，形势大好。然而，秦桧却怂恿宋高宗迫令岳飞班师，导致北伐成果毁于一旦。此后，秦桧更是与宋高宗合谋，解除岳飞等大将兵权，并以"莫须有"的罪名杀害岳飞，造成南宋的一大人才损失。秦桧的嫉妒之心，不仅伤害了岳飞这位杰出的将领，更使南宋失去收复失地、振兴国家的良机。嫉妒会使人丧失理智，做出错误的决策，害人害己。嫉妒生疑，疑多妒重。如果人们之间互相嫉妒，互相猜疑，必然造成互不团结，人心涣散，更谈不上人才的培养了。

嫉妒是十分有害的。不仅对于被嫉妒的人来说没

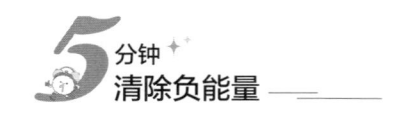

有好处，嫉妒者本人也得不到什么益处。纵览古今中外的人才史，哪一个人是因嫉贤妒能而获得成功的呢？有的只是他们声名狼藉、遗臭万年的失败记录。

要人才辈出，应该做到知贤而举。而知贤而举，必须以事业为重，以国家和人民的利益为重，不计较个人得失。

春秋时期，晋平公要选一个人担任县官，征求大夫祁黄羊的意见，祁黄羊推荐自己的仇人解孤。晋平公感到很奇怪，问祁黄羊为什么推荐自己的仇人。祁黄羊说：您是问我谁可当县官，而不是问谁是我的仇人。解孤虽是我的仇人，但可以胜任县官，我应知贤而举。

北宋时期，大臣寇准多次在宋真宗面前说王太尉的短处，可是王太尉经常在宋真宗面前说寇准的长处，并推荐他当宰相。有一天，宋真宗对王太尉说：你总是称赞寇准的美德，他却常在我面前说你的坏话。王太尉说：道理本来应该如此，我做宰相很久，处理国家的事情一定有很多毛病。寇准在陛下面前不隐瞒自己的想法，更加可以看出他的忠诚、耿直，这

戒嫉妒

嫉妒别人之时　实已毁坏自己

就是我尊重寇准的原因。

不少在革命战争中出生入死的老同志，为了搞好现代化建设，积极推举后起之秀接自己的班，自己退到二线当顾问，任参谋。不少专家、学者为提携后人而甘当人梯。还有不少有学问有才能的编辑，细心地从来稿中发现人才，精心为别人修改作品，助力素不相识的作者成名成家，自己却甘为他人作嫁衣。欣赏他人的过程也是自我提升的过程。通过向他人学习，克服嫉妒，我们能够不断完善自己，成为更好的人。

君有奇才我不贫

阅读大约需要 3 分 35 秒

别人有了才能,有了成就,不应心生嫉妒阻止别人前进,而应虚心学习,迎头赶上。应该是"君有奇才我不贫",而不能"君有奇才我不平"。在我们的同辈中,有人冒尖,有人成才,是一件大好事。因为这样就有了学习的榜样,有了追赶的目标。当身边出现比自己更优秀的人,感到羡慕是一种本能反应。真正的智慧在于,将这份"羡慕"转化为动力,向身边这些优秀的人学习,从而不断提升自我。

祝枝山、唐伯虎、文徵明、徐祯卿是明代江南四大才子,他们不以功名为荣,而以事业为重,经常在

戒嫉妒

嫉妒别人之时　实已毁坏自己

一起互相讨论文学艺术方面的问题，互相启发，互相帮助，谁也不嫉妒谁，都在文学艺术上取得了成就。

民主革命家黄兴和周震鳞也是一样。黄兴是湖南长沙人，周震鳞是湖南宁乡人。他们先是同窗好友，后是革命战友。同窗时，两人都把对方的进步看作自己的进步，互相帮助，互相鼓励。由于周震鳞家境贫寒，黄兴便不遗余力地进行资助。周震鳞东渡日本留学，所需费用几乎全部是黄兴资助的。后来两人都成了辛亥革命的重要人物。黄兴是孙中山的左右手，周震鳞是孙中山的得力参谋。

鲁迅和瞿秋白在一起的时候，更是肝胆相照，荣辱与共。瞿秋白曾经是共产党的主要负责人，鲁迅不顾自己的安危保护他，与他一起进行战斗。为了革

> 心有高朋身自富，
> 君有奇才我不贫。
> 　　　　——郑燮
>
> **内心拥有高尚的情怀和志向，自身就如同拥有了财富；你若有非凡的才能，对我来说就如同我自己也不贫瘠匮乏。**

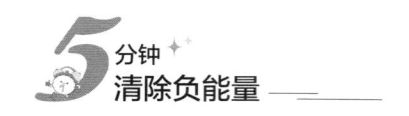

命的需要，瞿秋白的不少文章，是用鲁迅的名义发表的。

但是，有些人常常把某项事业作为自己谋取私利的手段，把自己在某项事业中取得的成绩当作谋取私利的资本。他们把别人的成才、成就看作对自己的威胁，因而容不得人，"嫉善如仇"。

要做到"君有奇才我不贫"，除了要有高度的事业心外，还要做到两点：一是要虚怀若谷，二是要勇于赶超。既然有"奇才"，就要虚心学习。如果没有虚怀若谷的精神，对别人求全责备，用自己某一方面的才能和成就比别人某一方面的不足，是永远不会虚下心来向人学习的。世界上那些有"奇才"、有大成就的人，他们只要见到别人有一点值得学习的地方，不管对方是什么人，都虚心学习。

唐代诗人白居易和元稹，一起提倡"新乐府"，在文学史上影响极大。元稹的诗总的成就不如白居易，但其中有一部分是很精辟动人的。白居易常常虚心向元稹求教，他洋洋数千言的一篇诗歌理论文章，原来就是一封写给元稹的长信。元代诗人萨都剌的两

戒嫉妒

嫉妒别人之时　实已毁坏自己

句诗"地湿厌闻天竺雨,月明来听景阳钟",当时脍炙人口,备受赞誉。山东一位老翁却认为这两句诗有缺点。萨都剌知道后,便风尘仆仆来找这位老翁请教。老翁说,"闻"和"听"两字重复,不如把"闻"改成"看",改为"地湿厌看天竺雨"。萨都剌非常佩服老人,鞠躬敬谢,尊他为"一字师"。有了白居易和萨都剌这种精神,可以做到"君有奇才我不贫",甚至"君有奇才我更奇"了。

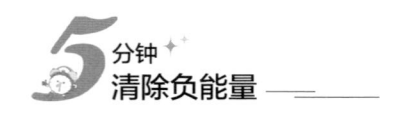

止谤莫如自修

上面我们说的是不要嫉妒人。有人或许会问:我不嫉妒别人可以做到,但是别人嫉妒我怎么办?古人有言:止谤莫如自修。

如何自修?

第一,要有遭受别人嫉妒的思想准备。"木秀于林,风必摧之;堆出于岸,流必湍之;行高于人,众必非之。"只要有了这种思想准备,在别人嫉妒你的时候,就不至于因受不了而被"推倒"。

第二,要坚信自己的事业是正确的。面对他人的嫉妒,我们应保持内心的平和与坚定。每个人的道路

戒嫉妒

嫉妒别人之时　实已毁坏自己

都是独特的，不必因他人的情绪动摇自己的信念。专注于自己的目标与热情，用实际行动证明价值，让信心成为推动事业不断前行的强大力量。只要我们对自己的事业充满这样的信心，在嫉妒面前，在诽谤和流言面前，就能做到"任凭风浪起，稳坐钓鱼船"。

第三，要有宽大为怀的精神。我们要允许人家犯错误，允许人家改正错误。如果有人一时嫉妒你，千万不要抱有成见，应该宽大为怀。电影《冰上姐妹》中的王冬燕，滑冰技巧最佳，在速滑比赛中连连获得冠军。她的好朋友丁淑萍刻苦锻炼，终于赶上并超过了王冬燕，一举夺得冠军。王冬燕顿生妒意，从此不愿搭理丁淑萍。有一次进行爬山训练，在为个人争口气的思

> 我们有在不同革命时期经过考验的这样一套干部，就可以"任凭风浪起，稳坐钓鱼船"。要有这个信心。
>
> ——毛泽东
>
> **无论遇到什么险恶的情况，都要坚定立场，信心十足，毫不动摇。**

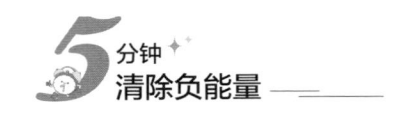

想支配下，王冬燕离开了集体，独自行动，不慎从山崖上掉下来。丁淑萍奋不顾身去救她，使她脱险。经此一事王冬燕认识到：嫉妒别人的进步是一种多么卑劣的心理。丁淑萍这样做，对人对己都有好处。被人嫉妒固然是一件坏事，但如果把它当成一种警钟和鞭策，不就把坏事变成好事了吗？

> 嫉妒，是一种心灵上的自杀。
>
> 当你毁坏别人的时候，已经毁坏了你自己。
>
> 嫉妒者所受的痛苦比任何人遭受的痛苦更大，因为他自己的不幸和别人的幸福都会使他痛苦万分。

虚伪

露水只能炫耀一时
江河却能奔流千里

什么是虚伪？从字面上讲，就是不真实，不实在，作假。一个人或为了炫耀自己的成绩而隐瞒自己的缺点错误，或为了炫耀自己虚假的学问而掩饰自己的无知，或过分谦虚，都叫作虚伪。虚伪是一种恶劣的品质，它使人无知，使人落伍，甚至使人堕落。

戒虚伪

露水只能炫耀一时　江河却能奔流千里

敞开心肺给人看

> 阅读大约需要 6 分 45 秒

任何人都有缺点错误，完全没有缺点错误的人是没有的。对待自己的缺点错误有两种态度，一种是诚实的态度，实事求是地承认，老老实实地改正；另一种是虚伪的态度，把缺点错误隐瞒起来，甚至把缺点说成优点，把错误说成成绩，蛊惑人心。两种态

> 人非圣贤，孰能无过。过而能改，善莫大焉。
> ——《左传》
>
> 一般人不是圣人和贤人，谁能没有过失？错了能够改正，没有比这更好的了。

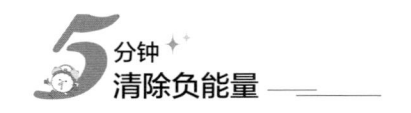

度必然出现两种结果：前者的缺点错误不断减少，后者的缺点错误更加严重，甚至不可收拾。

　　一个人有缺点就像身上有病，要及早治疗。战国时候，有一个高明的医师叫扁鹊。一日，扁鹊见到蔡国的国君蔡桓公脸色不好，立即告诉他身体有病，要赶紧治疗，不然，病就会越来越重。蔡桓公不信。以后，扁鹊又连续两次见到蔡桓公，见他的病日益严重，劝他早治，不然会更加严重。蔡桓公仍不信。扁鹊最后一次见到蔡桓公，转头就走。蔡桓公不解其意，忙打发人去问。扁鹊说：原来病还不严重的时候，用热敷、针刺、汤药还可以治疗，现在病已入骨髓，无法医治了。过了五日，蔡桓公真的病倒了，并且不久就死了。

　　这个故事告诉我们：病是隐瞒不得的，越是隐瞒，越是加速死亡。人身上的缺点错误，也同患病一样，瞒不得，越瞒，缺点错误就会越严重。有的年轻人，有了缺点错误以后怕人笑话，总是千方百计地隐瞒起来。这种虚荣心往往不利于人们改正错误，还会令人越陷越深。有这样一个年轻人，开始表现还算不错，

戒虚伪

露水只能炫耀一时　江河却能奔流千里

入了团，还当过先进生产者。后来，由于忽视了思想教育，产生了不劳而获的想法。有一次，因为一个偶然的机会，见财起意，偷了人家 50 元钱。正好在这个时候，单位领导在一次讲话中讲到青年人要养成廉洁奉公，不谋私利的优良品德。他当时觉得自己做得不对，应该把钱交出来。但又没有勇气。他还想：反正别人不知道，以后不再干这种丑事就是了。过了不久，他的钱用光了，只好又偷了一次钱，以后又偷了第三次、第四次，逐渐地，他对这种行为不再感到可耻。最后，发展到盗窃银行巨款，被判了刑。

为什么一个人很难偷偷地改正缺点和错误？人类的文明，是人类集体创造的，是人们在社会生活中互相制约和互相监督的结果。谦逊、礼节、勤劳、俭朴、诚实等，都被认为是应该遵守的社会公德。一个人如果没有高度的自觉性，一时间脱离了社会的这种监督，就会迷失方向。一个刚刚犯过错误的人，往往缺乏同这种错误作斗争的能力和自觉性。在这种情况下，如果想脱离社会的监督而改正错误，是不容易的。

5分钟清除负能量

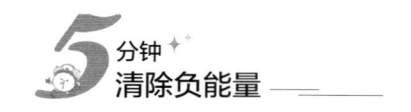

有的年轻人认为，自己的缺点错误让人知道了，会被人笑话，被人瞧不起。实际上并非如此，人们厌恶的只是那些有错不认、有错不改的人。古人说得好："君子之过，如日月之食焉。过也，人皆见之；更也，人皆仰之。"一个心地坦荡的人犯了错误，好像日食和月食一样，大家都看得见，在他改正了错误以后，人们就更尊敬他了。

我国古代"周处除三害"的故事，最能说明这个道理。周处是晋朝的大将军。他年轻的时候，常常惹是生非，胡作非为，当地老百姓都怨恨他。有一天，他到村里去玩，看到田里的庄稼长得很好，可是老乡们脸上没有一点笑容。他就问一位老农：现在是太平年月，今年又是好收成，为什么大家愁眉苦脸的？老农叹了口气说：今年收成倒不坏，可是乡里的三害没除掉，我们怎么能快活呢？周处问：哪三害？老农说：南山有只白额猛虎，长桥下有一条凶蛟，这两个畜生害了不少性命。第三害就是你呀！你骑马打猎，撞伤人，又损坏庄稼。周处一听老百姓把他和猛虎、凶蛟一样看待，又是难过，又是惭愧。他决心为老百姓除

戒虚伪

露水只能炫耀一时　江河却能奔流千里

掉这三害。他带弓箭上南山射死白额猛虎，又带着钢剑到长桥下杀死凶蛟。剩下一害就是自己了。他决心改邪归正，特地去拜访当时的大文学家陆机和陆云，虚心向他们学习写文章和做人的道理。从那以后，他进步很快，后来和他父亲一样，做了大将军，办事廉洁公正，老百姓都很敬爱他。

无产阶级革命导师恩格斯在英国曼彻斯特看到一只蛋，有人告诉他，那是哺乳动物鸭嘴兽下的。他一听哈哈大笑起来，认为鸭嘴兽既然生蛋，就不是哺乳动物，否则，就不会生蛋。显然，恩格斯弄错了。鸭嘴兽恰是生蛋的哺乳动物，是从爬行动物进化而来的最早的哺乳动物。正是鸭嘴兽的发现，为进化论提供了一个重要的证据。这个知识上的错误，恩格斯一直记在心上，直到1895年，他还在给康·施米特的信中提到此事："1843年我在曼彻斯特看见过鸭嘴兽的蛋，并且傲慢无知地嘲笑过哺乳动物会下蛋，而现在却被证实了。因此，但愿你对价值概念不要做我事后不得不请求鸭嘴兽原谅的那种事情吧！"这样一个小小的错误，恩格斯记在心中50多年，并把它作为深

刻的教训提醒自己和他人。

有的年轻人认为，大人物的威信高，缺点错误说出来更让人尊敬，我们这些默默无闻的小人物，缺点错误说出来只能使自己威信扫地。他们把一个人的社会地位与威信错误地等同起来了。一个人的地位高，不等于他的威信高。即使一个人的职位很高，权力很大，但如果品德并不高尚，好色贪杯却又道貌岸然，利欲熏心却自夸清高纯正，这样的人是决不会有什么威信的。只有胸怀坦荡，公开地检讨和改正错误，才能受到人们的尊敬与喜爱。

> 可有尘瑕须拂拭，敞开心肺给人看。
> ——谢觉哉
>
> 不断叩问初心、守护初心，不断自我净化、自我完善，甘于做一颗永不生锈的螺丝钉。

一个人要改变自己的缺点错误，应该做到三个敢于公开：

第一，是党团员的，要敢于向组织公开。如果党员有缺点错误，党组织会毫不含糊地进行批评、教育

戒虚伪

露水只能炫耀一时　江河却能奔流千里

和帮助。一个党员应该做到无事不对党言,把自己的缺点错误,老老实实向组织讲出来,主动争取组织的帮助教育。

第二,要敢于向朋友公开。古人把朋友分为四种:畏友、密友、昵友、贼友。真正的朋友,应该是畏友和密友,因为他们能道义相砥、过失相规,同甘共苦、生死相随。当你犯了错误以后,真正的朋友会伸出热情的手,给予规劝与帮助。有了这样的朋友,自己的缺点错误,就应该坦率地告诉他,以求得帮助与指点。毛泽东同志说过:"生我者父母,教我者党、同志、朋友也。"历史上不少仁人志士就是在朋友的帮助下,摒弃旧我,奋然自新,成为对民族、对国家大有作为的人。陈毅同志说:"难得是诤友,当面敢批评。"对朋友的信任同样重要。古人提倡一个人每天要自省的三件事中就有一件:"与朋友交而不信乎。"向朋友公开自己的缺点错误,争取他们的批评和帮助,对于自己的进步与完善是十分重要的。

第三,要敢于向家里人公开。家庭是社会的细胞,一个人在家里的生活时间占了绝大部分。一个人

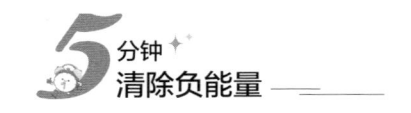

有缺点错误，其他家庭成员都会愿意帮助他改正。特别是年轻人，应该把缺点错误如实地向父母、爱人、兄弟、姐妹公开，得到他们的帮助和教育。如果采取诚恳和谦逊态度，往往都能取得家人的谅解和帮助，既能尽快改正错误，又能进一步加深彼此的了解和感情。

戒虚伪

露水只能炫耀一时　江河却能奔流千里

虚假的学问比无知更糟糕

阅读大约需要 5 分 16 秒

虚伪的人往往不能正确对待失败。在失败面前，他们总是躲躲闪闪，遮遮掩掩，不敢大胆承认。有时甚至把错误的说成正确的，使失败成为他们的最终结果。

马克思说过："科学上没有平坦的大道，只有不畏劳苦沿着陡峭山路攀登的人，才有希望达到光辉的顶点。"所谓陡峭山路，就是困难、挫折、失败。对于科学家来说，失败是家常便饭。如果科学家们把错误当作正确，把失败当作成功，他们就不会有创造发

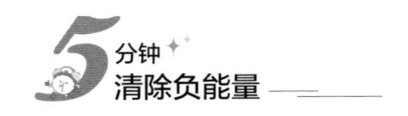

明，也就不是科学家了。爱因斯坦曾经提出关于引力波是不可能存在的理论。可是，他的这一理论经过别人验证是错误的。爱因斯坦经过反复研究，肯定了别人的正确见解。后来他在作引力波的报告时，毫不掩饰自己在这方面的错误。他认为，一个人在科学探索的道路上走弯路，并不是坏事，更不会损害他的形象。

湖南某医院在国内外享有盛名，他们不但重视成功的经验，也十分重视失败的教训。1982年，他们专门整理出版了一本《临床误诊一百例》，从医学原理等方面实事求是地将误诊的教训总结出来。这样的做法，使本院和整个医疗行业都前进了一步，受到医疗卫生界和其他各界的赞扬。

毛泽东同志曾经说:"知识的问题是一个科学的问题，来不得半点虚伪和骄傲。"一个人要在科学上有所成就，必须正确估价自己的成绩。有虚荣心的人，常常炫耀自己的成功和成绩，有的甚至把一些并不怎么成功的东西用粗体字写到自己的成绩簿上。这样做，无异于在自己前进的道路上筑起一道不可逾越的

戒虚伪

露水只能炫耀一时　江河却能奔流千里

高墙。

古今中外的大学问家们，总是严肃地看待自己的成绩。郑板桥是人们所熟知的清代大画家，也是一位造诣很高的诗人。他一生作了大量的诗词。毋庸讳言，在众多的作品之中也有一些应酬之作。晚年，他为了防止那些平庸的作品因他的名声而传播，贻误后人，特地编了一本自选集，将自己不满意的作品删除，并在序文中严正声明："板桥诗刻止于此矣。死后如有托名翻板，将平日无聊应酬之作，改窜阑入，吾必为厉鬼以击其脑。"

虚伪的人不愿意向他人学习，即使是向内行长者学习也怕丢了自己的面子，向普通人和幼者学习就更不用说了。其实，"不耻下问"恰恰是一切学问家所具有的美德。郭沫若是我国的一位大文豪，1958年，正当《沫若文集》准备出版的时候，一位刚毕业的大

> 知之为知之，不知为不知，是知也。
> ——《论语》
> 知道就是知道，不知道就是不知道，这样才是真正的智慧。

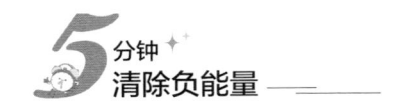

学生写信给郭老，对他的诗文提出一点批评。郭老立即回信说："你的批评意见大体上是中肯的，特别是对于我的杂文有些可以刬去的建议，我愿意接受。"并表示："你如有工夫，在不影响你的功课和身体的范围内，请你在我的杂文或其他文字中认为不能满意的具体地指摘些出来寄给我。"

1937年，我国年轻的天文工作者戴文赛赴英国剑桥大学攻读天文学，向导师爱丁顿教授表示愿意先做些观测工作。爱丁顿点头同意，但又坦率地说："搞观测不是我的专长，我替你另找一位导师吧！"戴文赛万万没有想到，这样一位闻名于世的大学者，居然在初来乍到的异国青年面前讲自己知识的不足。在编写《恒星天文学教程》初稿时，稿子中有些数字需要检验，爱丁顿教授对原来的学生曲钦岳说："这里面涉及富利叶变换，这方面你比我熟悉，请你仔细看看。"1961年，南开大学物理系开设电动力学课程，主讲的是位讲师，五十岁的戴文赛教授也带着笔记本去听课。学问家无一不是这样虚怀若谷，不耻下问，不怕在青年甚至少年人面前丢丑。

戒虚伪

露水只能炫耀一时　江河却能奔流千里

明末清初著名的学者顾炎武，在天文、历史、地理、音韵、金石、考古、诗文等方面，都很有造诣，是个博学多才的人。顾炎武之所以博学多才，一个重要的原因就是有"吾不如"的精神。他在《广师》一文中，一连提了十多个他不如的人。顾炎武的"吾不如"，是个有益的比较法，经常检查一下自己哪方面不如某某人，某某人在哪些方面胜过自己，就为自己提出了学不完的课题。

> 尺有所短，寸有所长。
> ——《卜居》
> **每个人都有自己的优点和不足，与别人相处，就应该懂得取人之长，补己之短，虚心向他人学习。**

任何人都有"吾不如"。怕丢脸的虚伪的人，就像沥青路面，不论怎样的倾盆大雨，也涵蓄不了水分；时时感到"吾不如"，不怕丢面子的人，恰恰如汪洋大海，任凭大雨滂沱，江河汇流，也能兼收并蓄。

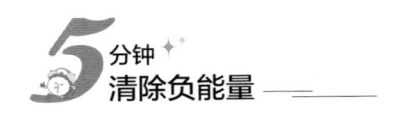

过分谦虚也是虚伪

阅读大约需要 4 分 1 秒

我们在研究如何力戒虚伪的时候，还有一个不能忽视的问题，就是如何对待谦虚。谦虚本是一种美德，但过了头，也会变成虚伪。

《尹文子》中有这样一个故事。齐国有一位黄公，很讲究谦卑，自己也喜欢大家称颂他谦卑的美名。黄公有两个妙龄女儿，养在深闺，双双容颜艳丽，体态娴雅，堪称天姿国色。有人听说，就向黄公拱手道喜：相公好福气，养的女儿才貌超群。但黄公总是摇头说：小女质陋貌丑，不足挂齿。长此以往，众人信以为真，于是，黄公二女的丑恶名声便远播乡里，过了婚

戒虚伪

露水只能炫耀一时　江河却能奔流千里

嫁年龄，也没有一个人上门求聘。后来卫国有个无赖小子，早死了老婆，一直无钱再娶，便跑到黄公门上求婚。等婚礼完毕，揭开头巾一看，竟是个绝代佳人。消息很快传开，原来是

> 谦固美名，过谦者，宜防其诈。
> ——朱熹
>
> 谦虚本来是美好的名声，但是过于谦虚者，也应该防止他的狡诈。

黄公过于谦虚而说自己的女儿丑。于是，许多名门望族竞相争聘他的另一个女儿，一时间门庭若市。黄公的过分谦虚竟断送了自己女儿的青春，这是黄公始料不及的。这个故事说明，谦虚不能过分，过分谦虚就是虚伪。

王莽以"谦虚"的虚伪手段篡夺政权的故事，更可以看出过分谦虚的虚伪性。汉哀帝死后，王莽的姑姑太皇太后临朝，王莽为大司马，管理朝政。对于王莽，太皇太后非常满意，经常奖赏他，但王莽每次都说自己的功劳不大而推辞，甚至流着眼泪趴在地上连连磕头，一定要姑姑收回赏赐他才起来。后来，太皇

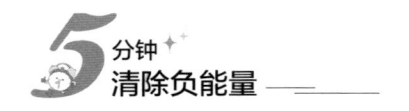

太后加封他为太傅，尊为安汉公，加封28000户。他先是告病在家，坚决推辞封号和封地，后虽勉强接受了封号，但坚决退还了封地。以后，太皇太后又要把新野25600顷土地赏给他，他又坚决推辞了。这时，一些中小地主不满豪强兼并土地，听到王莽两三万亩的土地都不要，说他真是个了不起的人物。王莽越是不肯受封，这些人就越要太皇太后封他，并纷纷上书。据史书记载，前后上书的竟有48万余人。诸公、王公、列侯等，甚至到太皇太后面前磕头说：不快点拿最高的荣誉赏赐安汉公，天下的人都不答应了。于是太皇太后就把九种最高的赏赐给了他，当时称为"九锡"。到这个时候，素以谦让出名的这位安汉公，终于撕下假面具，夺走了皇帝的玉玺，自己做起皇帝来，改国号为"新"，实行更加残酷的统治。

　　过分谦虚也是虚伪。有的年轻人不懂这个道理，以为谦虚既然是一种美德，怎么谦虚也不为过。为了防止别人说他们骄傲，特别注意谦虚，用他们自己的话来说，是"谦虚"得不能再谦虚了。可是，越是这样"谦虚"，朋友对自己就越疏远，越冷淡，甚至

戒虚伪

露水只能炫耀一时　江河却能奔流千里

自家人也觉得讨厌。这是为什么呢？我们知道认识任何问题，处理任何事情，都必须坚持实事求是。对待自己的缺点、错误要实事求是，对待自己的成绩、荣誉也要实事求是，恰如其分，既不能夸大，也不应缩小。如果过分谦虚，就会歪曲客观事物的本来面貌，以致美丑不分，是非颠倒，真伪混淆。谦虚是对骄傲而言的，就是不自高自大，肯接受别人的批评，能虚心向别人学习请教。我们要养成谦虚的品德，但对自己的优点、成绩，也应该实事求是，决不能把优点说成缺点，也不能把成绩说成过失。

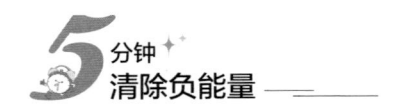

媚我者，孰知不是害我者

虚伪的人不但喜欢自己吹嘘自己，还喜爱别人吹捧自己。前面我们说了，野心是一切虚伪的根源。喜爱听别人吹捧的人，总是有着不可公开的目的，或为名，或为利，或为名利双收。但是，捧的结果，往往并不能如愿以偿，有的甚至使之身败名裂。这种现象，鲁迅先生称之为"捧杀"。为什么"捧"而至于"杀"？鲁迅先生在《骂杀与捧杀》一文中说："批评的失了威力，由于'乱'，甚而至于'乱'到和事实相反，这底细一被大家看出，效果有时也就相反了。

戒虚伪

露水只能炫耀一时　江河却能奔流千里

所以现在被骂杀的少,被捧杀的却多。"吹捧是没有原则的,大多讲究越"神"越好。然而,假的毕竟是假的,真相总是要露出来的,到那个时候,被吹捧者的处境是十分艰难的。由于个人野心的缘故,当别人吹捧的时候,必定使人有一种得意的感觉。"岂不爱推戴,颂歌盈耳神仙乐。"这种乐,必定使人乐而忘忧,乐而忘本,昏昏然、飘飘然起来。颂歌一听,便躺在功劳簿上睡大觉,一觉醒来,别人已远远地跑到前面去了。某些有才华的作家,当他们的处女作轰动文坛以后,便再也见不到动人之作了,其原因就是当初把他们捧得过高了,被捧杀了。所以,不要以为一味说自己好话的人就一定是好人,"媚我者,孰知不是害我者!

《史记》中记载的"毛遂自荐"的故事,充分阐释了"捧杀"的威力。赵国的毛遂因在长平之战后成功

> 良药苦口利于病,忠言逆耳利于行。
> ——《史记》
>
> 一味地接受吹捧是不能进步的,批评的言语才能鞭策自身。

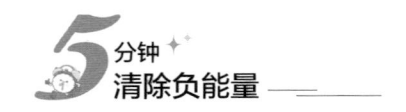

说服楚王出兵救赵而名声大噪。然而，后来燕国攻打赵国时，一些对毛遂心怀不满的小人故意夸大他的能力，向赵王进言应派他领兵抗敌。赵王轻信谗言，让并不擅长领兵打仗的毛遂挂帅出征。结果，毛遂连战连败，丢城失地，自觉难辞其咎，最终拔剑自刎。那些厌恶毛遂的人，通过故意夸大他的能力，借赵王之手而杀毛遂。

郑板桥有一句名言："隔靴搔痒赞何益，入木三分骂亦精。"不实事求是的吹捧，只能使人陶醉于所取得的成绩，不再努力，不再前进。吹捧实际上是一种迷魂汤。这种迷魂汤虽然美滋滋、甜蜜蜜，喝了它，就使你觉得乐融融，但头脑变得昏沉沉。而一针见血的批评却能使人看到自己的不足，明确努力的方向，激发人们奋进。所以说，批评是一种清醒剂。如果能经常喝上这种清醒剂，就能使你不断地克服自己的缺点而前进。

戒虚伪

露水只能炫耀一时　江河却能奔流千里

孔雀的羽毛虽然华丽，但它只能供人欣赏。

不要追求那徒有其名的虚荣，要献身伟大壮丽的事业。

虚荣并不能给予人什么，唯有事业才能使人幸福。

蚜虫吃青草，虚伪吃灵魂。

虚伪的学问比无知更糟糕。无知好比一块空地，可以耕耘和播种。虚伪的学问就像一块长满杂草的荒地，是不可能有什么收获的。

戒

固执

不识庐山真面目
只缘身在此山中

一个人随着年龄的增长,需要决策的事情也逐步增多,稍不注意,久而久之容易养成一种"说了就算"的习惯,听不进别人的意见。倘若再掺进个人成见,则易偏听、偏信,危害将更大。有的年轻人由于社会阅历少,无畏无知,不懂世情,也容易固执己见。

　　兼听则明,偏听则暗。固执己见是人生一大弊病。能不能经常地、认真地听取他人的意见,是一个特别值得注意的问题。

戒固执

不识庐山真面目　只缘身在此山中

莫作"过于执"

阅读大约需要 2 分 19 秒

有出戏叫作《十五贯》，写的是糊涂县令过于执接了苏戌娟的义父尤葫芦被杀一案以后，只看到熊友兰和苏戌娟同路而行，熊友兰身上带了十五贯铜钱，和尤葫芦被盗的钱数相同，再说苏戌娟生得漂亮，熊友兰又是年轻小伙，他就不经调查，误断了此案。

知府况钟复审这一案件时，见判决的理由不够充分，决定重审。可过于执十分不乐意。尽管况钟反复开导，指出疑点，他还是固执己见，不愿再审。并一口咬定："看她艳如桃李，岂能无人勾引？而他年正青春，怎会冷若冰霜？二人情投意合，自然要生比翼双

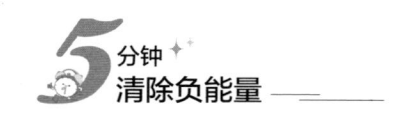

飞之意。父亲拦阻，因之杀其父而盗其财，此乃人之常情。这案情就是不问，也已明白了十之八九的了。"最后直至况钟抓出真正的凶犯娄阿鼠，听其口供后，他才算排除嫌疑，明辨真情。这个案件要不是况钟慎重处理，细心察访，过于执将会错杀两条人命，放走真正的罪犯。

《十五贯》在历史上实有其事。《况太守集》的序言中说，况钟"折狱明断，民有奇冤无不昭雪。有熊友兰、友惠兄弟冤狱，公为雪之，阖郡有包龙图之颂，为作传奇，以演其事"。在现实生活中，因固执而坏事的教训很多，过于执的人物也不少。

> 变则新，不变则腐；变则活，不变则板。
> ——李渔《闲情偶寄》
>
> **灵活变通能够创新，一成不变就会变得迂腐。**

年轻人思想敏锐，富于正义感，热烈追求真理。但是，也有一些人由于好胜心强，在一些问题上不肯放弃自己的观点，固执己见，不纳良言，结果把事情

戒固执

不识庐山真面目　只缘身在此山中

办坏。这些人往往自以为是，目中无人。他们并不知道，办事凭主观，想当然，只相信个人的狭隘经验，会使自己耳目闭塞，就像躺在墓穴里一般。

　　前车之覆，后车之鉴。"过于执"也是一面镜子。这面镜子教育我们，一个人要破除固执才能明智。只听信一面之词，或凭老框框、老印象办事，常常会把事情办坏。所以，我们无论在什么时候或办什么事情，千万莫作"过于执"。

要学会全面地看问题

阅读大约需要 4 分 5 秒

一个人之所以固执，主要原因在于思想认识上存在片面性。思想认识片面的人，办事容易出偏差。正如毛泽东同志所说，这种人"是不能找出解决矛盾的方法的，是不能完成革命任务的，是不能做好所任工作的，是不能正确地发展党内的思想斗争的"。

人之所以要长两只眼睛，是因为要从有差

> 人生最遗憾的，莫过于轻易地放弃了不该放弃的，固执地坚持了不该坚持的。
> ——柏拉图

戒固执

不识庐山真面目　只缘身在此山中

别的两个角度看东西才有立体感，才能判断这东西在空间的位置，才能知道它离自己的远近。要解决哪个问题，就要看清哪个问题的各个方面。只看到事物的表面，而看不到事物较复杂较深刻的本质，很难有正确的认识和行动。

有一个"盲人摸象"的故事。几个盲人听说大象这种动物，但从未见过。一天，他们来到大象所在的地方，决定亲自摸摸大象，了解它的模样。第一个盲人摸到了大象的腿，觉得大象像一根柱子；第二个盲人摸到了大象的耳朵，认为大象像一把大扇子；第三个盲人摸到了大象的尾巴，觉得大象像一条细绳；第四个盲人摸到了大象的背，认为大象像一座小山。他们各执己见，争论不休，都认为自己是正确的。但实际上，他们都没有全面看待大象，只摸到了大象的一部分。在看待事物时，要全面、客观地了解事物的整体和各个方面，不能只看到局部而忽视整体。否则，就像盲人摸象一样，得出的结论往往是片面和错误的。"只知其一，不知其二"，往往会在"其二"上碰钉子。而且，对"其一"也不可能真知，因为离开"其二"

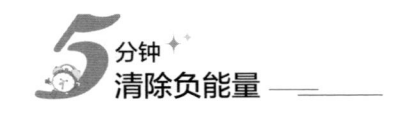

的"其一"是不可能孤立存在的。

对一切事要从两面去看，对一切人也要从两面去看。文艺复兴时期意大利政治家马基亚维利在其创作的政治学著作《君主论》中曾提到："君主既要像狐狸一样的狡猾，又要有狮子一样的力量。"狮子相和狐狸相是君主的两面，合起来才是一个君主的全貌。

宋代女词人李清照，她既有"寻寻觅觅，冷冷清清，凄凄惨惨戚戚"的一面，也有"生当作人杰，死亦为鬼雄"的一面；既有个人哀愁的一面，也有热血爱国的一面。不看两面，只看一面，就看不到全人，就要离开真实。

爱迪生钻研科学技术非常刻苦，有坚强的毅力，百折不挠，并且有创新精神，敢于也善于在科学技术上闯出新路来。可是，他在同朋友一起游玩或者讨论与创造发明无关的问题的时候，常常漫不经心，无精打采，甚至倒头就睡。他睡觉懒得脱衣服，衣服常是脏的，甚至澡也不愿意洗。可是，他的这些缺点，大多是由他的优点引起的。许多科学家、艺术家往往有些怪脾气，有的不爱参加社会活动，有的沉浸在自己

戒固执

不识庐山真面目　只缘身在此山中

的工作里目中无人，有的在集中心思考虑某个问题时显得疯疯癫癫、如痴如醉，有的对外界的一点点干扰、打搅就大惊失色、暴跳如雷……这些，往往是对工作高度负责、高度热爱的另一面的表现。对于任何人，都要一分为二地看，要尊重实际情况。

当然，全面并不是包罗万象。全面虽然是由多个方面构成的，但决不是几方面的简单相加、拼凑。全面是互相联系的统一体，它们相互矛盾着、斗争着，又联结着、统一着。对事物的各方面都要做细致充分的了解，并对各方面之间的相互关系作系统周密的了解。孤立地、片面地了解某一方面的情况，仅凭主观推测去判断全面的情况，决不是科学的方法。

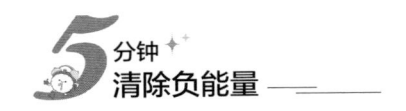

身居此山未必深知此山

> 阅读大约需要 3 分 14 秒

一个人之所以固执,可能是由于在实践中缺乏深入的调查研究,对变化了的情况没有及时掌握,凭头脑里固有的观念办事。

调查研究,既是改造客观世界的必由之路,也是改造主观世界的必由之路。毛泽东同志直截了当地指出:"没有调查,就没有发言权。"20世纪40年代初期,党中央还发出《关于调查研究的决定》,指出:"党内许多同志,还不了解没有调查就没有发言权这一真理。还不了解系统的周密的社会调查,是决定政策的基础。"

戒固执

不识庐山真面目　只缘身在此山中

注重调查,是我们每个人全面认识问题的前提和保证;只有加强调查,才能了解情况,正确决策,否则,就只能像一个双目失明的人那样,由于搞不清周围的一切而到处碰壁。

德国诗人歌德在诗剧《浮士德》里描写的浮士德博士就是一个生动的典型。他成天静静地生活在书斋里,读遍了前人的哲学、法律、医典、神学等著作。他自以为超脱了凡俗的红尘,接近了理想的天国。他张开幻想的翅膀,以为可以飞到最高的境界。可是,他自我陶醉的幻梦在现实生活的旋涡里一个一个地破碎了,最终还是退缩到了狭小枯寂的书斋里,并没有发挥其所学知识的作用。

唐太宗李世民有一次对大臣萧瑀说:我少年时候就喜欢弓箭,得到好弓十几张,自以为不会有更好的弓了。近来给弓匠看,弓匠说,都不是好弓。我问为什么,弓匠说,木心不直,自然脉理都斜,弓固然硬,发箭却不直。我才知道过去鉴别得不精确。我用弓箭打仗定天下,还不能真正懂得弓箭,何况天下的事物,我怎能都懂得!李世民从一件很简单的事情

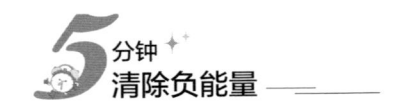

上，明白了知之甚熟不等于知之甚精、知之甚确的道理。

"横看成岭侧成峰，远近高低各不同。不识庐山真面目，只缘身在此山中。"这是苏轼游庐山的时候，在西林寺壁上题的一首诗。同是一座庐山，站在东、南、西、北四面，站在远、近、高、低多处，看来却有种种不同的姿态。越是走进庐山深处，越是感到看不清庐山究竟是怎样一个面目。这首富有哲理性的名诗深刻地告诉我们，对任何事情都要从多方面去考察。"身在山中"无疑是了解山中情况的一个好条件。但是，只是"身在山中"，未必就能全面地了解"此山"。身在山中也有对了解"此山"不利的一面，那就是不便对全山面貌"一览无余"。而且，"入芝兰之室，久而不闻其香"。熟悉了某些事情，也可能因此"习以为常"，不能鲜明地感觉到这些事情中包含着的某些成分。在一个地方土生土长、在某一行干了十年八年也仍然需要做调查研究工作，原因就在这里。

> 戒固执
> 不识庐山真面目　只缘身在此山中

不要小看"臭皮匠"

阅读大约需要 3 分 44 秒

公元 207 年，刘备依附刘表驻屯新野，徐庶向他推荐 27 岁的诸葛亮。刘备说：你把他带来吧！徐庶说：将军应当亲自去拜访他。刘备到卧龙岗诸葛亮住的茅庐访问两次，都没有见到诸葛亮，只见到他的书童、弟弟、朋友。不论尊卑老幼，刘备对他们都恭谨有礼，请他们向诸葛亮转致问候。诸葛亮确信了他的一片真心，在刘备三顾茅庐时，推心置腹地倾吐了自己对天下大势的看法。最后，动于情，感于义，而出山。关羽、张飞看到刘备这么信任这个看来平淡无奇又很年轻的村夫，不大高兴。刘备却说，我有了孔

5分钟清除负能量

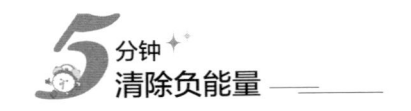

明，就像鱼有了水，希望你们别有非议。后来诸葛亮辅佐刘备建立蜀汉，三分天下。他三气周瑜，火烧赤壁，七擒孟获，六出岐山，才能卓绝，智慧超群，成了我国民间智慧的化身。

然而，就是这样一个才华横溢、智慧超群的人，也有他思想上的片面和行动上的失误。而且，在他辅佐刘备建立蜀汉事业的过程中，他所提出的一系列正确决策和战略措施，也并非他一个人的智谋，而是吸取了许多人的建议，在工作方法上也得到过不少人的帮助。

据《资治通鉴》记载，诸葛亮曾经亲自核对登记册，主簿杨颙知道了，劝谏说：治理国家有一定的秩序，上下职务不能互相侵犯。请允许我为您用治家这事来打比方。现在有个主人，派男仆从事耕地，女仆负责烧火做饭，鸡报时，狗看家防盗，牛负重载，马跑长途。家里各种工作没有旷废，各种需求都能得到满足，主人就从容地休息、饮食。忽然有一天早上，这位主人打算亲自去做所有的活儿，不再支使分配工作，于是劳累自己去做种种琐碎的事情，结果累得身

戒固执

不识庐山真面目 只缘身在此山中

体疲乏,精神困怠,而一无所成。难道是他的智慧不如男女仆和鸡狗吗?问题是他丢掉了当家作主的方法了。现在您治理国务,竟然亲自来对登记册,整天流汗,这不太辛苦了吗?诸葛亮诚恳地接受了他的意见。后来杨颙去世,诸葛亮掉了三天眼泪。

要使自己不做"过于执",就必须虚心向别人学习。俗话说,"三个臭皮匠,顶个诸葛亮。"群众有无穷的智慧和创造力,人民中间有成千上万个"诸葛亮"。

我们知道,实事求是和群众路线是分不开的。这两者是辩证唯物主义和历史唯物主义的重要方法、路径。要充分了解事实,要从实事中求是,就要走"从群众中来,到群众中去"的群众路线,把群众分散的意见集中起来,加以研究,化为系统的意

> 我劝天公重抖擞,不拘一格降人才。
> ——龚自珍
>
> **在选拔人才时,不应受到任何限制和束缚,应重视那些出身平凡的人物。**

5分钟清除负能量

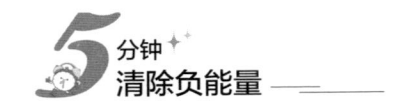

见，再告诉群众，化为群众的行动，坚持下去，在行动中检验这些意见。这既是正确的工作方法，又是正确的思想方法，是马克思主义认识论极其重要的部分。一旦脱离了群众，对实际情况就很难有全面准确的了解，对形势就很难不作出唯心的错误的估量。

在任何时候，我们都必须了解和尊重人民群众的意志，千万不要小看"臭皮匠"。人民的力量，是创造人类历史的真正伟大的力量。归根结底，人民的力量是无敌的，人民的意志是不可违抗的。

> 多一个铃哨多一声响，多一支蜡烛多一分光。
> 一人不如二人计，三人打个好主意。
> 不愿听朋友说真话的人，是真正不可救药的人。

戒
——狭隘

海纳百川
有容乃大

"海不通于百川，安得巨大之名？"这是东汉思想家王充的至理名言。在多少文人墨客的笔下，描述一个人的胸襟开阔，常以海作比喻，也是因为海不择江河，兼容并蓄。

一个人只要进入社会，就必然要与周围的人打交道。凡与人打交道，难免遇到不遂意的事，听到不顺耳的话。每当碰上这种情况，是欣慰，还是懊恼，是谅解，还是猜疑，是正确对待，还是怒不可遏？这就取决于一个人心胸宽不宽，气量大不大，见识广不广。

戒狭隘

海纳百川　有容乃大

心窄气短危害大

阅读大约需要 2 分 9 秒

《三国演义》中"三气周瑜"的故事，说的是三国时期，东吴都督周瑜被蜀国军师诸葛亮略施小计气死了。周瑜是堂堂一国主将，为什么竟被诸葛亮活活气死呢？就是因为周瑜的胸襟太狭窄了。

这当然只是罗贯中改编的一个故事，但是在现实生活中，这类事情并不是没有的，只是表现形式不同罢了。由于胸襟狭窄，有的人悲观失望，有的人得病伤神，有的人积怨成仇，有的人打击陷害，等等。

一个人胸襟狭窄，为什么会导致如此严重的不良后果呢？原因在于：

5分钟清除负能量

一是疑心重。疑心重的人，往往不顾事实真相，全凭自己想当然。由怕而疑，由疑而乱，由乱而演化出一幕幕悲剧来。《晋书》中记载了一个"杯弓蛇影"的故事。乐广宴请朋友，朋友在举杯时，发现酒杯里有一条小蛇在晃动，心里很厌恶，但还是勉强喝了下去。回家后，他总觉得肚子里有条小蛇在爬，从此一病不起。乐广得知后，再次邀请这位朋友来家中，并让他坐在上次的位置上。朋友再次举杯时，乐广指着墙上的弓说：你上次看到的蛇，其实是这支弓的影子。朋友这才恍然大悟，原来一直是自己疑神疑鬼，病也随之痊愈了。

二是气量小。遇事不加分析，不考虑由此带来的后果。无端动肝火，猝然发雷霆。不仅眼睛里装不得半点不顺眼的事，耳朵里容不得半句逆耳的话，还常常抱怨自己吃亏。

> 度量放宽宏，见识休局促。
> ——王世贞
>
> 要有宽宏的度量和胸怀，要有高瞻远瞩的见识。只有心胸开阔的人，才能拥有更广阔的视野和更深刻的见解。

戒狭隘

海纳百川　有容乃大

三是见识短。人生的内涵应该是非常丰富的，人应该有理想，有信仰，有事业，有工作，有爱情，有权利，有义务，勇敢地面向未来。见识短的人却墨守成规，平平庸庸，无所作为，是非不明，对先进思想、新生事物、高尚情操理解不了，甚至认为世界上的人均无先进与落后、伟大与渺小之分。

心底无私天地宽

> 阅读大约需要 4 分 57 秒

重上战场我亦难，感君情厚逼云端。
无情白发催寒暑，蒙垢余生抑苦酸。
病马也知嘶枥晚，枯葵更觉怯霜寒。
如烟往事俱忘却，心底无私天地宽。

这是无产阶级革命家陶铸的感人诗章，诗中"心底无私天地宽"之句更是意深情长。

私是阻碍进步的大敌，是影响团结的祸根。

前面说到，人生在世，不可能不与社会交往。只要你与社会发生交往，就必然在社会中产生评价。这

戒狭隘

海纳百川　有容乃大

些评价，有来自上面的，也有来自下面的；有来自熟人的，也有来自生人的；有来自预料之中的，也有来自预料之外，甚至莫名其妙的。不管来自哪方，又都有好有歹，有善意的，也有恶意的；有全面的，也有片面的；有真实的，也有歪曲的。面对各种议论和非难，要正确对待，就必须彻底打掉自己心中的私念。

无私，才能正确认识社会压力。对于我们来说，一切社会反响包括各种社会舆论在内的压力，都是进步的动力。应该说，有压力是好事而不是坏事。荀子曾说："蓬生麻中，不扶自直。"蓬是一种攀缘植物，弯弯扭扭，任其自然生长很难长直；但倘若生长在麻中，笔直而拥挤的麻秆儿挤压着它，蓬只好奋力向上，与麻争生，结果"不扶自直"。没有麻的挤压，蓬是生长不直的，有些反响，看起来虽不顺眼，听起来虽不舒服，使人感到一时难受，但是，它可以使人在成绩面前不自满，前进路上不迷航。

无私，才能正确分析各种闲言碎语。两三千年以前，就有人发过慨叹："仲可怀也，人之多言，亦可畏也！"1935年，电影演员阮玲玉自杀时，留下的遗言

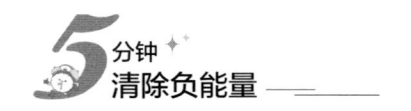

也是那四个字:"人言可畏"!由此可见,"人言"确实厉害,但也有很多人并不把"人言"放在眼里。王安石著名的"三不足",其中就有"人言不足恤"。他把"人言"与"天命""祖宗"相提并论,说明他深知这"人言"的分量,只是敢于蔑视而已。其实,说"人言可畏"或"人言不足恤",都不免有失偏颇。如同田野长出来的既有佳木也有恶草一样,人言也自有正确与错误之分,情况错综复杂。对于闲言碎语,我们应认真加以分析,千万不可盲目。只有头脑冷静、不存私心,才能正确区分是恶意的捏造,还是由于不了解情况弄错了的批评;是由于思想方法不当而对别人求全责备,还是吹毛求疵、故意刁难,其间有没有一点合理的、可取的东西?

　　落后和错误的闲言碎语,并不可怕,而且并非不可变。过去,谈科学、讲民主曾被视为大逆不道;违背父母之命、媒妁之言的自由恋爱曾被责以伤风败俗,而今天又如何?把这种闲言碎语当作过耳风,"走自己的路,让人们去说吧!"才是正确的态度。心以为非,却又屈服于这种闲言碎语,终将做出违心的

戒狭隘

海纳百川　有容乃大

事，甚至酿成悲剧。

无私，才能正确看待自己。每当遇到议论和非难，首先反躬自问。认真想一想，事情是怎样引起的？自己是不是确实有一些缺点和毛病？这样有助于改正自己的毛病，提高思想修养水平。有的人只爱听恭维话，不愿听逆耳的话，尤其是听不进别人的批评意见，原因也是不能正确看待自己。这些人总认为自己什么弱点都没有，这种认识和态度是错误的。

> 君子和而不同，小人同而不和。
>
> ——《论语》
>
> **君子能够包容不同的意见，和谐共处；小人则表面附和，内心却不和谐。狭隘之人往往固守己见，排斥不同声音。以包容之心接纳多样性，克服狭隘的弊病，才能实现真正的和谐与进步。**

一个人有优点，也会有缺点。有这样一句名言："世界上只有两种人没有错误和缺点，一种是还未出生的人，另一种是死去的人。"意思是说，没有缺点

5分钟清除负能量

和错误的人，世界上是没有的。那么，既然人都有缺点，就不应怕别人批评指正。老一辈革命家在严于律己上为我们作出了榜样。周恩来同志不仅乐于接受别人的批评，而且经常讲自己的缺点。他说："有错误要逢人就讲，既可以取得同志的监督帮助，又可给同志以借鉴。"陈毅同志在《六十三岁生日述怀》一诗中写道："一喜有错误，痛改便光明。一喜得帮助，周围是友情。难得是诤友，当面敢批评。有时难忍耐，猝然发雷霆。继思不大妥，道歉亲上门。"这些都展现了无产阶级革命家的宽大胸怀，我们应该虚心地向他们学习。

戒狭隘

海纳百川　有容乃大

宰相肚里好撑船

一个人受到贬损，情绪激动，这是生活中常有的事。遇到这种情况，应当正确对待议论非难自己的人。这要求我们具有宽大为怀的胸怀，度量大，能容人，不计私忿。

英国物理学家焦耳，曾在一次学术会议上宣读自己关于能量守恒和转化定律的论文，遭到另一位物理学家汤姆森的当场训斥，焦耳不仅没有怀恨在心，反而对汤姆森的批评很感激。受到汤姆森的批评后，焦耳更加发奋研究，成为英国皇家学会的会员。事后，焦耳还特意感谢汤姆森，握着汤姆森的手说："不是您

5分钟清除负能量

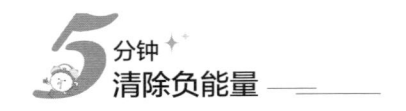

在学术会上的发言,我至今恐怕还翻不了身呢!"汤姆森更是表示歉意。从此,两个"对手"成了"合作者"。

三国时期官渡之战刚刚打完,曹军正在清点战果的时候,一位官员抱着一大捆信件,急匆匆地向曹操汇报:袁绍仓皇逃走,扔下不少东西,其中有不少书信,是京城许都和曹营中的一些人,暗地里写给袁绍的。曹操接过信,翻了一下,让人一封一封念出来。这些信大多是吹捧袁绍的,有的干脆表示要离开曹营,投奔袁绍而去。曹操的亲信听了这些信件的内容,都很生气,有的还说:吃里扒外,这还了得,应该把他们抓起来。曹操却微微一笑,说:把这些信统统烧了。这个命令使在场的人都愣了。有人轻声地问道:不查了?曹操答:是的,请你们想想,当时袁绍力量那么强大,连我都感到不能自保,何况大家呢?经曹操这么一说,在场的人都觉得在理。这件事传出去,那些暗通袁绍的人,都把心里的大石头放下了。旁的人也觉得曹操度量大,体恤部下,能够容人,愿意在他的麾下效力。曹军的军心更振奋了。

戒狭隘

海纳百川　有容乃大

唐朝有个著名宰相叫卢怀慎，很有政治能力，但他很谦逊，重大事务不擅权作主，总是让给另一位宰相姚崇去办。卢怀慎这样做，许多人不理解，有的人就讥笑他庸碌无能，更有长舌之徒给他取了个"伴食宰相"的绰号，甚至姚崇府中的家丁也公开以这样的绰号嘲讽卢府的童仆。卢怀慎家里的人沉不住气，要求他严加追究，平息流言。卢怀慎却不以为然。他以历史上鲍叔牙举荐管仲、曹参支持萧何的故事自律，告诉人们要以国政为重，如果去姚府追究，必将引起两人不和，结果会以私害公，败坏国政。

受到议论和非难，能否以德报怨，是衡量一个人度量大不大的重要标准。我们要牢固树立任劳任怨的意识，不可因为有人议论、非难而动摇、沮丧，迷失自己的人生方向。

威廉·布莱克说过："辛勤的蜜蜂，永远没有时间悲哀。"年轻人做了好事，作了贡献，有了功劳，不应谋求报答和酬谢，而应当具有大海般宽广的胸怀。即使反遭误会，一时受到嘲讽和非议，也切忌怨天尤人。

当然，对于那些的确别有用心、无中生有、信口

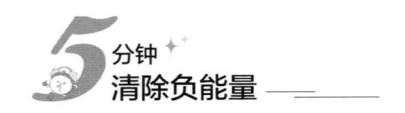

雌黄、栽赃陷害的谣言，就另当别论了。但也应注意策略，不可蛮干，不可大吵大闹，更不应以诽谤对诽谤，而应摆事实、讲道理，有理有据地把谣言和诽谤击破。

> 世界上最大的是海洋，比海洋大的是天空，比天空大的是胸怀。
> ——雨果

生活中最大的享受、最高的乐趣就在于觉得自己是为人们所需要的，是使人们感到亲切的。为了能够作真实和正确的判断，必须让自己的思想摆脱任何成见和偏执的束缚。

> 谁要是蔑视周围的人，谁就永远不会是伟大的人。
>
> 忍耐是痛苦的，但它的果实是香甜的。
>
> 没有真朋友的人，是真正孤独的人。
>
> 真正的志同道合者不可能长久地争吵，他们总会重新言好的。

猜疑

君子坦荡荡
小人长戚戚

猜疑是人生大敌。它既伤害猜疑者本人，也对周围的人造成不良影响。心中藏着猜疑，会破坏信任，影响身心健康，阻碍社会交往。只有运用实事求是的观点看待身边的人和事，避免无端猜测和虚构因果关系，才能让内心充满正能量。

戒猜疑

君子坦荡荡　小人长戚戚

疑心生暗鬼

阅读大约需要 3 分 41 秒

　　猜疑，是一种心理上的恶习。它往往预先主观地设定一个框架，而后按这个框架去取舍材料。这样做的结果，不是抹杀事物客观的是非界限，就是把并不存在的东西当成事实。

　　我国古代有则寓言，叫"疑人偷斧"。有个人在山上丢了一把斧子，怀疑是被邻居的儿子偷去了。从此，他看邻居儿子的一举一动，包括走路的姿势，面部表情，都像偷了斧子的样子。过了不久，这个人上山去刨土，找到了丢失的斧子，再看邻居的儿子，动作和神情没有一点像偷斧子的了。这个寓言告诉人们：

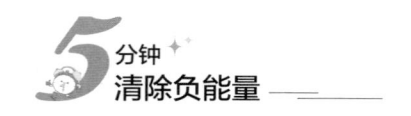

有了猜疑之心，别人一句平常的话，也会听出不同的含义，与自己无关的批评，也要生硬地和自己拉扯到一起。本来是微小的误解，也可能发展成难以弥合的鸿沟。

猜疑，往往是由误会产生的。而误会，有的是别人挑拨造成的，有的是自己胡思乱想酿成的。莎士比亚的名著《奥赛罗》，写的是奥赛罗和苔丝狄蒙娜的爱情悲剧，这个悲剧就是毫无根据的猜疑所造成的。黑人奥赛罗在突尼斯的军队里服役，因战功卓著，被提升为将军。奥赛罗艰辛、奇特、勇敢的经历和正直、坦荡、豪放的性格，赢得了元老勃拉班修的女儿苔丝狄蒙娜的爱情。美丽温顺的苔丝狄蒙娜不顾父亲和社会舆论的反对，毅然和肤色黝黑、出身低下的奥赛罗结了婚。婚后生活过得十分美满和幸福。可是，奥赛罗部下的一个军官阿依古，出于卑鄙自私的目的，编造谣言，挑拨奥赛罗和苔丝狄蒙娜的关系，使奥赛罗对妻子产生了猜疑。在一个漆黑的夜晚，奥赛罗活生生地把清白无辜的妻子掐死了。后来，他知道自己错杀了妻子，追悔莫及，也自刎于苔丝狄蒙娜的

戒猜疑

君子坦荡荡　小人长戚戚

脚下。

猜疑，有时还因为轻信小道消息，把生活中查无实据的传闻当作确凿的事实来肯定。

《丁公凿井》讲的就是一个关于传言的故事。古时，有个姓丁的人家里没有井，就打了一口井，对人说："穿井得一人。"意思是打了

> 漫无证据而以不道德疑人，就是损伤别人的名誉！
> ——茅盾

一口井，不需要再派人到外面去取水，等于得了一个劳力。传来传去，便变成"丁家挖井挖出了一个人"。居然还传到国君那里，经过查问，才弄清了真相。

外国还有比这更荒唐的故事。一个人在野外大喊一声："前面山岗上有一堆金子。"几个人听到后，就向山岗奔去抢那金子。渐渐地，想去抢金子的人越来越多。那个最初大喊一声的人，明明是想骗人，这时自己竟也犹豫起来。心想，那里是不是真有金子？于是，他也跑步追了上去。

猜疑必然带来偏见。因为内心已经主观地设定了

5分钟 清除负能量

一种想法,对于那些莫名其妙的传闻,只要投合自己的这种想法,纵然是前后矛盾,破绽很多,也会信以为真。再添油加醋地传到别人那里,越传越神,越传越离奇,最后自己也分不清真假了。

无端愁绪凭空来,全因猜疑生风雨。猜疑往往形成一些风风雨雨的假象,使自己觉得受委屈而陷于烦恼。在这种情况下,要免除无谓的苦恼,就必须清除主观上的猜疑。

戒猜疑

君子坦荡荡　小人长戚戚

"乡俚下民"情歌中的哲理

阅读大约需要 4 分 46 秒

消除主观上的猜疑，关键在于开诚布公，相互信任。

明朝嘉靖年间，朝廷昏暗，奸贼当权。宰相严嵩专横跋扈，密令杀绝忠良曾氏一家。曾家遭满门抄斩时，唯有曾荣幸运逃脱，被严嵩的党羽鄢家收为义子。曾荣年方二十，才貌超群，被严嵩看中，招为孙郎。夫人严兰贞年方十八，生得姿色过人，才华出众。可是，婚后多日，他俩不但没有同床共枕，就连话也没有说过几句。曾荣怀疑"奸臣的女儿一定也是

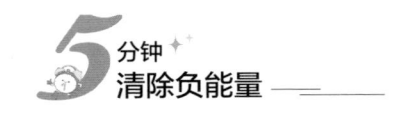

奸贼",并念着如有出头之日,一定杀绝严门,报仇雪恨,故不愿与严兰贞相配。严兰贞多次接近,试探曾荣,都遭到冷遇,她疑心对方不满自己的长相和才学,丧失了信心。一天,她无意中听到曾荣独自在隔壁书房抒发私情,才明白曾、严两家有不共戴天之仇。严兰贞推门进去,佯怒责问丈夫。曾荣因机密泄露,惊恐求情。严兰贞听丈夫诉说冤屈以后,对他更增爱怜,使曾荣深受感动,原来的猜疑倾刻消失,夫妻相敬如宾。曾荣对严兰贞的猜疑,缘于对她不信任,不了解。隔阂可以使猜疑的冰山增高,而相互了解可以像阳光照射积雪那样使它融化。一场悄悄话,双方肺腑情,枯寂的心犹如被明灯照亮,误解很快消除,情谊重新恢复。

信任在于相知。知得长,信得深。

曹禺的话剧《王昭君》中有这样一幕。一日,匈奴单于向汉朝求和亲,汉元帝让主动应选的昭君唱一段《鹿鸣》欢迎单于。王昭君却唱了一支民间情歌《长相知》。

戒猜疑

君子坦荡荡　小人长戚戚

上邪！
我欲与君长相知，
长命毋绝衰。
山无陵，江水为竭，
冬雷震震，夏雨雪，
天地合，乃敢与君绝，
长相知啊，长相知。

元帝责怪她不该唱这种"乡俚下民"的儿女情歌，她据理争辩道："长相知，才能不相疑；不相疑，才能长相知。长相知，长不断，难道陛下和单于不想'长相知'吗？难道单于和陛下不要'长不断'吗？长相知啊！长相知！这岂是区区的男女之情，碌碌的儿女之意哉！"元帝听了，极为赞赏，后来还按照"长相知，不相疑"的原则，正确处理对外关系，促进了汉匈友好。

"长相知，不相疑"之说深刻表明了"知"与"疑"之间的辩证关系。不相知是猜疑的起因，相知是不猜疑的保证。相知能令友谊发展，相疑会使感情

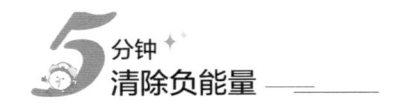

破裂。

赤壁大战之前,刘备携十万百姓从樊城向江陵撤退,曹操紧紧在后追击。刘备的后卫,在当阳长坂被曹操追上了。甘夫人、糜夫人和儿子阿斗都被冲散,赵子龙单枪匹马前去营救。在危急关头,糜芳前去向刘备报告:"赵子龙反投曹操去了也!"刘备不信,大声呵责:"子龙是我故交,安肯反乎?"张飞附糜芳的意见,说:"他今见我等势穷力尽,或者反投曹操,以图富贵耳。"刘备说:"子龙从我于患难,心如铁石,非富贵所能动摇也。"这时糜芳却说:"我亲见他投西北去了。"张飞说:"待我亲自寻他去。若撞见时,一枪刺死。"尽管糜芳言之凿凿,似乎实有其事,刘备仍是不信,说:"吾料子龙必不弃我也。"不一会儿,赵子龙果然往来冲杀,边走边打,救出了糜夫人和阿斗来见刘备。

曹操却与刘备不同。有一次,曹操派蒋干到孙权那里去探听虚实。蒋干和周瑜是老同学。周瑜早已料到蒋干的心事,就使了一个反间计,事先伪造了一封蔡瑁、张允来降的书信,并设计让蒋干看到这封

戒猜疑

君子坦荡荡　小人长戚戚

书信。书生气十足的蒋干看到信后信以为真，回禀曹操。曹操果然中计，立即下令把蔡瑁、张允杀了。

"赵子龙弃蜀投曹"，糜芳说的是眼见的事实，刘备不信；周瑜的反间计疑点很多，而曹操信了。原因何在？就是因为刘备认为赵子龙是患难之交，忠义可靠，决不会背信弃义。而蔡瑁、张允是从刘表那里投降过来的，曹操对他们并不信任。不信任的种子，产生了猜疑的心理，使敌人挑拨离间的阴谋能够得逞。

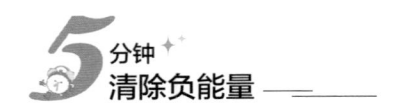

用人不疑，疑人不用

阅读大约需要 2 分 28 秒

　　猜疑之心不可有。人人都需遵守这个信条。这里特别要提到的是，领导者应信任自己的下属，做到"用人不疑，疑人不用"。

　　战国时期，中山国的国君荒淫无道，百姓叫苦连天，魏文侯打算任乐羊为大将去征伐中山。朝廷中有许多人不同意，因为乐羊的儿子乐舒在中山国当大官。魏文侯了解到乐羊很有见识，又曾劝儿子离开中山，相信他可以完成这个任务。他请乐羊见面商议时，乐羊说：大丈夫为国立功，决不能为父子私情不顾公事，我要是不能把中山国收过来，情愿受处罚。

戒猜疑

君子坦荡荡　小人长戚戚

魏文侯就请乐羊为大将，率兵五万去攻打中山。乐羊感到主公这样信任自己，便把生死置之度外，一举打到中山城下。这时，中山国君利用乐舒与乐羊的关系，大耍花招，不肯投降。最后，竟把乐舒杀掉，做成肉羹，送给乐羊。乐羊指着肉羹骂道：你伺候无道昏君，早就该死！接着，乐羊带头冲锋，一举攻下中山国，杀了昏君。乐羊安抚百姓以后，就回国了。魏文侯十分高兴，赏给乐羊一只封得极严的箱子。乐羊以为里面是贵金、美玉，但打开一看，都是朝廷大臣要求撤换他的奏折。乐羊一边看一边落泪，说：要不是主公这样信任我，我哪能成功？

2000多年前的魏文侯用人不疑的故事，今天仍应为我们借鉴。现实中，一些人对于自己的下属，特别是有缺点和问题的人，总不那么信任。安排他们工作时，一不放心，二不

> 福莫福于少事，
> 祸莫祸于多心。
> 　　——洪应明
> **多心往往为我们惹来不必要的祸端，心胸开阔生活才能自在平和。**

放手。好像让他们独立去做一项工作，非得出问题不可。这样往往导致不会做的做不好，会做的却闲着没事做。

信任并非盲目，而是基于深入了解与评估的智慧选择。在任用下属之前，领导者需进行一番全面而细致的考察，包括对候选人的专业能力、工作经验、过往业绩以及个人品德等多方面的考量。通过面试交流、背景调查、能力测试等多种手段，力求全方位地了解候选人的真实情况，确保所选之人具备完成工作任务所必需的专业素养。

只有破除了猜疑的种子，真正做到"用人不疑，疑人不用"，才能真正挖掘人才的价值，凝聚社会力量，共同建设更美好的生活。

戒猜疑

君子坦荡荡　小人长戚戚

天下有大勇者,卒然临之而不惊,无故加之而不怒。

当一个人受到公众信任时,他就应该把自己看作公众的财产。

无端愁绪凭空来,全因猜疑生风雨。

路遥知马力,日久见人心。

君子之交,淡若水;小人之交,甘若醴。

一颗心似火,三寸笔如枪,流言真笑料,豪气自文章。

戒娇气

艰难困苦何所惧
钢浇铁铸真英雄

"鹏鸟将图南，扶摇始张翼；一翔直冲天，彼何畏荆棘"，这是革命烈士李大钊的名言。一个人没有坚强的毅力和旺盛的朝气，怎能经得起艰难困苦的磨练？然而，在现实生活中，有的人却思想贫瘠，意志脆弱，脾性娇嫩。娇嫩的脾性，就是我们通常所说的娇气。娇气，也是一种不好的习性。一个人如养成了这种习性，对实现自己一生的美好理想是有害无益的。

戒娇气

艰难困苦何所惧　钢浇铁铸真英雄

花盆里栽不出参天松

阅读大约需要 2 分 21 秒

常言道,"人生之路多坎坷"。

天地间,有人与人之间的矛盾,也有人与自然之间的矛盾。毛泽东同志在《矛盾论》一文中精辟地指出:"矛盾存在于一切事物的发展过程中""每一事物的发展过程中存在着自始至终的矛盾"。由于矛盾的普遍存在,斗争是不可避免的。不管是它们共居的时候,还是它们互相转化的时候,都有斗争的存在,尤其是在它们互相转化的时候,斗争的表现更为突出。人的一生也是在矛盾中度过的,而且很多矛盾是不可避免的。

5分钟清除负能量

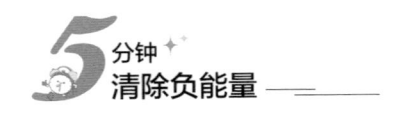

人生的价值是锤炼出来的，在人生的道路上，必须有韧性。严酷的生活可能会使人消极、颓唐；但也可以把人锤炼得更加成熟、坚强。生活的磨难可能会把青年人推到十分痛苦和艰难的境地，但正是这种不幸的艰难求索，使许多青年人完成了成长过程中的"否定之否定"。

> 生于忧患，死于安乐。
> ——《孟子·告子下》
> 要时刻保持警惕和奋斗精神，不能沉迷于安逸和享乐之中。

一朵温室里培育出来的鲜花，尽管十分艳丽，但是极为脆弱，一遇大自然的风雨便枯萎了。一个脾性娇嫩的人，经不起社会上的风吹雨打。他们在温室里生，在糖水里长，既缺乏独立生活的能力，又没有挑起工作重担的本事，一碰到困难和挫折就会怯懦，就会灰心丧气。

明代刘基的寓言集《郁离子》中，有一个"笼中猿"的故事。古代吴国有人养了只山猿，在笼里圈了十多年后把它放出来，想让它恢复自由生活。山猿转

戒娇气
艰难困苦何所惧　钢浇铁铸真英雄

了两天两夜，又返回笼里去了。主人疑惑道："难道是不够远吗？"于是又把它送到深山里去了。久囚樊笼的山猿已经失去原有的天性，在新天地里茫然不知所向，找不到吃的东西，最终长鸣而死。

山猿的悲剧在于，笼内养成娇柔性，离开牢笼又恋笼，出笼后仍改不了笼内习性。一个脾性娇嫩、脆弱的人在社会上，与山猿出笼后的表现颇有相似之处。只有坚持到社会的风浪中接受锻炼，才能适应新形势，不断创造新生活。"笼猿"的悲剧，值得我们深思。

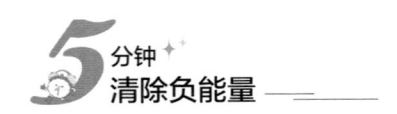

梅花香自苦寒来

阅读大约需要 5 分 35 秒

舒适美满的生活，固然是一般人所渴望的。但是，艰辛痛苦的磨炼，更能激起人的向上精神。古往今来，已有无数事实表明，凡是面对贫贱能够作出坚定回答的人，大多能在困苦中磨炼出坚强的意志、顽强的性格、卓越的才能，成为人群中出类拔萃的佼佼者。

著名散文《岳阳楼记》的作者范仲淹，年轻时家境极为贫寒，上不起学，就一个人跑到僧舍中读书。他每天晚上用糙米煮好一盆稀粥，等到第二天粥凝成了冻以后，就用刀划成四块，早晚各取两块来吃。没

戒娇气
艰难困苦何所惧　钢浇铁铸真英雄

有菜，就把用盐水浸过的野菜茎，切上几段作为副食。有一天，范仲淹的一位同学来做客。这个同学是南京留守的儿子，家中很富有。他看见范仲淹每天只吃两顿稀粥充饥，就想帮助范仲淹。他回家以后，向父亲讲了这件事。他的父亲即刻叫人带了好酒大肉，送给范仲淹。过了几天，留守的儿子又来了。他进屋一看，他们家送来的食物原封未动地放在那里，已经发霉变味了。他感到很奇怪，便去问范仲淹是怎么回事。范仲淹对同学的盛情表示十分感谢，他说：我并不是不感激令尊的厚意，只是因为我平常吃稀饭已经成为习惯，并不觉得苦。如果现在贪图好吃的，将来怎么能吃苦呢？后来，范仲淹成为宋代著名政治家和文学家。

　　粗茶淡饭励大志。在艰难困苦中创造不凡业绩的人，在历史上何止一二。著名生物学家达尔文，伟大的文学家托尔斯泰，以及电磁理论的创立者麦克斯韦，都是年幼早孤，失去生活的依靠，备尝艰辛。岳飞幼年丧父，家遭黄泛。牛顿未出生而父死，三岁时母亲改嫁。海瑞、聂耳都是四岁失去父亲。人民音乐

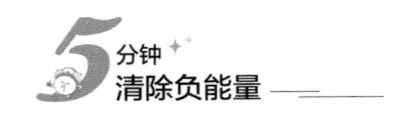

家冼星海初到巴黎十几次失业,有时饿得瘫软在街头,他考上巴黎音乐学院高级作曲班后,按规定可以领取物质奖励,当问他需要什么时,他的回答是:饭票。多么辛酸的回答啊。敬爱的周恩来总理也是"六月而孤",到九岁时生母与嗣母又不幸相继去世,12岁时背井离乡,远走辽东,生活的艰苦难以想象。

古今名人的实践都生动地告诉我们:贫贱、困苦只能吓倒那些意志薄弱者,对于意志坚定的人来说,却是磨炼意志、造就人才的绝好条件。"天将降大任于斯人也,必先苦其心志,劳其筋骨,饿其体肤。空乏其身,行拂乱其所为,所以动心忍性,曾益其所不能。"此话出于孟子之口,大意是说,上天要把"大任"交给谁,必定先使他的心志受到苦恼,身体受到穷困饥寒,行动受到干扰挫折,以便通过这些来磨炼他的思想性格,增加

> 宝剑锋从磨砺出,
> 梅花香自苦寒来。
> ——《警世贤文》
>
> **想拥有珍贵品质或美好才华等,需要不断努力,刻苦修炼,克服一切困难。**

戒娇气
艰难困苦何所惧　钢浇铁铸真英雄

他的才能。孟子把担当大任者的苦难经历视为上天安排，当然是唯心之说，但他认为艰苦可以造就人才，只有经历过艰苦考验的人，才能担当重任，却是历史所证实了的。

艰苦生活能激发极大的能量和潜力。这种能量和潜力，往往在平常的条件下，在安逸的环境中，不易表现出来。然而，在艰苦的条件下，人为了生存，为了发展，就要拼命地奋斗，充分焕发蕴藏着的潜力，释放出生命的光辉。

许多科学家即使条件允许，生活也很不讲究，有时为了探求科学的奥秘，甚至达到"忘食"的着迷境界。他们吃饭仅仅为了果腹，对科学知识却是"贪多务得、细大不捐"。

居里夫人初到巴黎学习时，认为"吃午餐是一种铺张的行为，也浪费了时间"。她常常只在从实验室回来的路上胡乱吃一点，如一块抹黄油的面包、一两个煮鸡蛋、一把炒栗子或几个小萝卜。到了夜晚，手指冻僵的时候，就喝杯茶暖和暖和。她之所以甘于过这种简单而俭朴的生活，是因为她从不断追求科学真

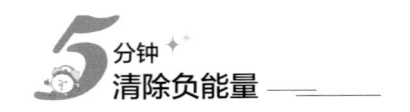

理的过程中得到了极大的乐趣和慰藉。

爱因斯坦有一次过生日，朋友们请他吃他早就想尝一尝的俄国鱼子酱。当这道菜端上来时，爱因斯坦正大讲物理学知识，竟在不知不觉中吃完了它，什么味道也没尝出来，被朋友们当作笑柄。

数学家陈景润，为摘取200多年前哥德巴赫提出的"每一个大于2的偶数都是两个素数的和"这颗数学王冠上的明珠，凝神聚力于研究，常常忘掉食堂开饭时间，只好买个馒头充饥。他应邀去美国进行研究工作时，为了充分利用有限的时间，中午也不肯停止工作，吃个面包就算是一顿午饭。

但是，我们还应懂得，艰辛困苦的生活并不能自发地造就人才，也不是所有受过苦难的人都可以成为佼佼者。有的人在困境中成长为硬汉，有的人却变成懦夫，其结果完全取决于个人的意志。苦难对顽强的人来说是垫脚石，是财富，对娇弱者却是万丈深渊。

戒娇气

艰难困苦何所惧　钢浇铁铸真英雄

人美不在娇

阅读大约需要 2 分 9 秒

一个娇气的人，其性格的形成，既有主观方面的原因，也有客观方面的原因。主观方面的原因，就是自己缺乏勇于奋进的精神；客观方面的原因，就是家庭和环境的影响。有的父母视自己的孩子为"掌上明珠"，成天捧在手里怕摔了，含在嘴里怕化了，舒适的家庭成为孩子赖以成长的温室和暖房。

我们应该懂得，人美不在娇，而在于创造。美学家车尼尔雪夫斯基说过，美是生活。美既不是主观臆造，也不是上帝的恩赐，它存在于现实生活中。比如，当人们进入整洁的环境，欣赏精彩的节目，遇上

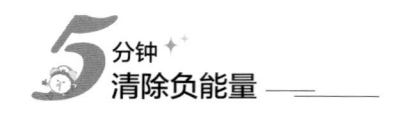

热情的服务,穿上漂亮的服装,吃上可口的食品,等等,谁能不发出由衷的赞叹:生活啊,多么美好!但是,生活并不是安稳的摇篮,更不是桃花源里的良辰美景。拉开生活的序幕,你会发现,这里不但有赏心悦目、令人陶醉的享受,还有苦、脏、累、艰难、风险的考验。这是多么矛盾、多么令人迷惑的复杂情景啊!然而,正是这些奇异繁复的因素,构成了和谐的生活美。

> 不经一番寒彻骨,怎得梅花扑鼻香。
> ——《上堂开示颂》
> 如果不经历冬天那刺骨的严寒,梅花怎会有扑鼻的芳香。甜从苦中来,美好孕育在艰辛中。

人类在创造中不断完善自身,社会在创造中向前发展。真正懂得美的人,并不是那些误视娇柔为美的人,而是创造生活的人。全国劳动模范、清洁工时传祥曾经坚定地说:"宁愿一人脏,换来万家净。"这是多么朴实的语言、多么崇高的心灵!正是他们创造了心灵的美,人们才永久地赞美他们,把他们视为美的

戒娇气
艰难困苦何所惧　钢浇铁铸真英雄

典范。爱因斯坦说过："人只有献身社会，才能找出那实际上短暂而有风险的生命的意义。"生活是严峻的审判官，美与丑，善与恶，抑扬取舍，各置其当。温室中的弱苗，怎能经得起风吹雨打；而那些气质刚毅的劲松，却能终年葱郁。让生命之树常绿的人，才是真正懂得美的人。

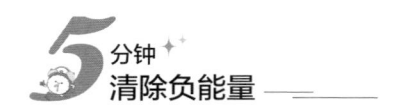

毅力产生于伟大的理想

意大利艺术家达·芬奇说:"顽强的毅力可以克服任何障碍。"英国作家狄更斯也说:"顽强的毅力可以征服世界上任何一座高峰。"

毅力从何而来?俄国作家托尔斯泰指出:"理想是指路明灯。没有理想,就没有坚定的方向;没有方向。就没有生活。"德国诗人、作家、思想家歌德说得更为形象:"我们的生活就像旅行,思想是导游者,没有导游者,一切都会停止。目标会丧失,力量也会化为乌有。"思想脆弱的人,往往是因为他们在人生的探索中还没有找到实实在在的精神支柱,没有找到可供

戒娇气

艰难困苦何所惧　钢浇铁铸真英雄

遵循的行为准则。只有真正认识了人生的意义，才会产生毅力，才能克服娇气。

"路漫漫其修远兮，吾将上下而求索。"这是伟大诗人屈原的一句名言。鲜花在荆棘丛中，坦途在小路尽头。古今中外不少成就事业者，都是从荆棘丛生的崎岖小路上走过来的。

保尔柯察金式的女英雄张海迪，是当代青年的光辉榜样。她，一个瘫痪了20多年、从未进过学校的姑娘，以惊人的毅力自学了小学、中学的全部课程，自学了英语、日语、德语和世界语，译出16万字的外文著作和资料，并用自学的医药知识和针灸技术，不要任何报酬地为群众治病万余人次，创造奇迹。

瘫痪，在软弱者的眼里，是多么可怕呀！可张海迪没有因此沉沦，没有自怜自叹，而是扬起生命的风帆，追求人生的价值，用惊人的毅力展现出一个强者的雄姿。

生命在于不断探索，只要有伟大的理想，软弱并不是不可逾越的障碍。女书法家于立群家境富足，本是有可能成为"娇宝宝"的。但是，她下定决心

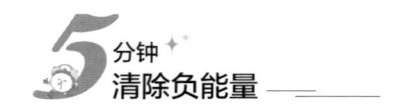

培养自己的毅力，在生活、工作中刻苦学习，成为出类拔萃的栋梁之材。有一次，她和郭沫若同游泰山，见到北齐人留下的石刻经文，那字大如斗，二尺见方，颇有气魄。于立群心中十分感慨：前人能写得这样好的大字。今人为何不能？男人能书，女子也应该行！从此，她立志写大字。练字，谈何容易。一支大笔二尺多长，净重四斤半，经常练得手肿臂麻，全身酸痛。可她矢志不渝，为了练出一手好字，表现出超乎常人的刻苦和坚韧。

　　生活如同一条蜿蜒曲折的河流，时而平静温柔，时而波涛汹涌。在这条河流中航行，难免会遇到风雨和挑战，但请记住，正是这些困难和挫折，铸就了我们坚韧不拔的品格。以顽强的毅力为帆，以不屈的精神为桨，勇敢地面对生活中的每一次挑战，每一个难关。只要勇于把自己的理想化为现实，就一定能在身后留下一串串闪光的足迹。

戒娇气

艰难困苦何所惧　　钢浇铁铸真英雄

飞吧,亲爱的同志!
急流碰到岩石能激起浪花,
勇夫遇到困难能激出力量。
最先朝气蓬勃地投入新生活的人,
他们的命运是令人羡慕的。
没有崇高的理想,青春就将枯萎;
没有伟大的志愿,生命就将暗淡无光。
小马学行嫌路窄,雏鹰展翅恨天低。
恒心搭起通天路,勇气吹开智慧门。

戒

暴躁

肝火太盛常有错
心平气和事理明

一个人的脾气与修养的关系很大。有些人性子急躁易怒，动不动就发脾气。如果能充分认识暴躁的危害性，认真进行修养锻炼，暴躁的坏脾气是完全可以克服的。孔子云："血气方刚，戒之在斗。"说的便是这个道理。
　　那么，如何戒呢？

戒暴躁

肝火太盛常有错　心平气和事理明

刻鹄不成尚类鹜

阅读大约需要 6 分 15 秒

有的人认为，"人善被人欺，马善被人骑"。一个人就是要凶恶一点，将来才不会吃亏。他们羡慕那些身上长刺、头上长角的人，那些豹子一样性格的人，认为这样的人有"大丈夫气概"，堪称"英雄好汉"。他们把这样的人视为榜样，言语行动都向他们学习。在这种思想的支配下，有的年轻人养成了暴躁的性格，并且闯出许多祸来。

那么，人应该如何培养自己的性格呢？

东汉时有个将军叫马援。他有两个朋友，一个叫龙述，为人厚道，谦虚谨慎；一个叫杜保，性情暴躁，

好行侠仗义。马援对两个人都很敬重，但在给侄子马严、马敦的信中，他要求他们学习龙述，不学杜保。他说：学龙述，纵然学不像，至少可以约束自己不去胡作非为；学杜保，如果学得不像，那就要变成纨绔子弟了。他打了个比方：学龙述，"刻鹄不成尚类鹜"；学杜保，"画虎不成反类犬"。

每个人都应该努力使自己成为爱憎分明、立场坚定的人。遇到坏人坏事，应该挺身而出，坚决斗争；对人民有利的事情，应该不畏艰难，争着去做。但

> 怒时之言多失体。
> ——陈继儒
> 愤怒时说出的话常常会不得体，在情绪激动时，更须慎言。

是，有人把爱憎分明、立场坚定与性格暴躁联系在一起，这是没有道理的。性格暴躁容易使人失去理智，而一个人一旦失去理智，往往会让事情向坏的地方发展。一个性格好、有理智的人，不论在多么复杂恶劣的环境中，都能冷静地思考和处理问题，把事情办好。年轻人向这样的人学习，就算不能完全学到，也

戒暴躁
肝火太盛常有错　心平气和事理明

能"刻鹄不成尚类鹜"。相反，如果以暴躁的人为榜样，结果是不容乐观的。

量小者易怒。一个胸怀狭窄的人，视野所及，无非自家的屋门口、鼻子尖，看不到远处，想不到深处。他们往往苛求别人多，检点自己少。为了一点鸡毛蒜皮的事，非要和人家争个高低不可。什么事情都要取胜于别人，让别人服从于自己。倘若自己的私欲没有得到满足，就暴跳如雷。

春秋时期，齐襄公被杀后，公子小白和公子纠为争夺王位而战。鲍叔牙助小白，管仲助纠。双方交战中，管仲用箭射中小白衣带上的钩子，小白险遭丧命。后来小白做了齐国国君，即齐桓公。齐桓公执政后，任命鲍叔牙为相国。鲍叔牙心胸宽广，有智人之明，坚持把管仲推荐给桓公。他说：只有管仲能担任相国要职，我有五个方面比不上管仲：宽惠安民，让百姓听从君命，我不如他；治理国家，能确保国家的根本权益，我不如他；讲究忠信，团结好百姓，我赶不上他；制定礼仪，使四方都来效法，我不如他；指挥战争，使百姓更加勇敢，我不如他。齐桓公同样宽

容大度,不计射钩私仇,采纳了鲍叔牙的建议,重用管仲。管仲协助桓公在经济、内政、军事方面进行改革,数年之间,齐转弱为强,成为春秋前期中原经济最发达的强国。面对曾经的兵戎相见,鲍叔牙和公子小白选择用宽宏的气度来化解恩怨,以国家发展为先,不以怒气对待管仲,而是充分发挥他的价值。

宽宏豁达的人能处处严于律己,宽以待人,从不因个人的得失而失去理智。相传,清康熙时期的文华殿大学士张英在京城做官时,老家桐城的亲人与邻居吴姓人家因宅基地发生争讼,张家人便写信给张英求助。张英获悉情况后,当即给家人回诗一首:"一纸书来只为墙,让他三尺又何妨。长城万里今犹在,不见当年秦始皇。"收到诗信后家人顿悟,主动让出三尺界墙。邻居深受触动,亦退让三尺界墙。"六尺巷"由此得名,成为谦和礼让、和谐相处的传统美德。

有人自恃有一点本事,便盛气凌人,凶暴专横,不可一世。他们不懂得,力气、知识、技术固然是一个人的本事,但在某种意义上,讲道德、懂修养比有本事更重要。

戒暴躁
肝火太盛常有错　心平气和事理明

历史上有个很有名的"圯上拾履"的故事,说的是汉初三杰之一张良年轻时,一天散步走到一座桥上,迎面来了一个身穿补丁衣服的老人,经过张良的时候故意把鞋子掉在了桥下,对张良说:小伙子,给我把鞋子拾上来!张良一听,火气往上冲。但是,他看到老人花白的胡须,就忍住怒气把鞋子拾上来。谁知老人又把脚一伸,说:给我穿上!张良又咽下一口恶气,心想,既然给他拾上来了,这个忙就帮下去吧,于是就跪着给老人穿上鞋。后来,这位老人送给张良一部早已失传的兵书《太公兵法》,张良日夜攻读,后来成为一名精通韬略的军事家,帮助刘邦建立了汉王朝。两千多年来,"圯上拾履"一直成为熏陶人们性格和修养的范例。

唐宋八大家之一的苏轼,就这个故事做了一篇《留候论》。他认为:"人情有所不能忍者,匹夫见辱,拔剑而起,挺身而斗,此不足为勇也。天下有人勇者,卒然临之而不惊,无故加之而不怒。此其所挟持者甚大,而其志甚远也。"他还认为,一个人纵有志向,有才干,而度量不足,"不能下人者,是匹夫之

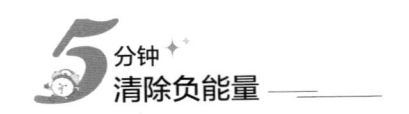

刚也",不能成大事,应该"深折其少年刚锐之气,使之忍小忿而就大谋"。年轻人应当学习这种容人之度,养成宽宏的气度,戒除暴躁的脾性,成为社会中有爱的一分子,共同建设更美好的未来。

> 戒暴躁
> 肝火太盛常有错　心平气和事理明

理直还要气和

阅读大约需要 3 分 51 秒

有的人认为，只要自己有理就应该"给对方点颜色看看""使他知道老子的厉害"。还美其名曰这是"理直气壮"。所谓理直气壮，是理由充分，不感到自己亏了理，不软弱，坚持正义。对于那些损害他人利益的不合情理的事情，应当坚持原则，理直气壮地进行批评、教育以至斗争。但是，不应该因为自己有理，就以眼还眼，以牙还牙，甚至"人家来四两我还他半斤""人家喊打我喊杀"。须知，这样做是不能收到好效果的，只能把事情搞砸，把事情办坏。理直还要气和。自己有充足理由的事情，应当平心静气地进行说

服教育，动之以情，晓之以理。

　　一个人遇到不公平、不合理的事情，表现出愤怒的情绪，是很自然的。但是，决不能遇事都怒，而要该怒则怒，不该怒就不要怒。就是该怒的时候，也应义正词严，充分说理，伸张正义，而不能恶语伤人，以拳相见。鲁迅先生在《辱骂和恐吓决不是战斗》一文中写道："战斗的作者应该注重'论争'；倘在诗人，则因为情不可遏而愤怒，而笑骂，自然也无不可。但必须止于嘲笑，止于热骂，而且要'喜笑怒骂，皆成文章'，使敌人因此受伤致死，而自己并无卑劣的行为，观者也不以为污秽，这才是战斗者的本领。"鲁迅先生说这番话的时候，正处在中国无产阶级与资产阶级生死搏斗的关键时刻。在那个时候，对于"还不处于战场"的敌人，鲁迅先生尚且主张这样，今天，站在我们面前的是我们的朋友、同志，或者是我们的邻里、亲友，何必用"还不处于战场"的敌人都不用的办法呢？

　　春秋时期，强大的齐国要侵犯弱小的鲁国时，鲁僖公派展喜去"慰劳"齐军。齐孝公问：你们鲁国人

戒暴躁

肝火太盛常有错　心平气和事理明

害怕吗？展喜回答说：小人害怕了，君子不害怕。齐孝公说：你们的府库空虚得就像悬挂起来的磬，四野里连青草都没有，仗着什么而不害怕？展喜说：我们靠先王的命令。从前，周公、太公扶助周王室，两人共同辅助成王。成王慰劳他们，并赐给他们誓约：世世代代都要和睦相处，不要互相伤害。现在这个誓言还收藏在盟府里。齐桓公坚决执行成王交给的职责，联合诸侯，解决了他们之间的纠纷，弥补了他们的过失，解除了他们的灾难。到您登上君位，诸侯都寄予很大希望，有的说：他大概能遵循桓公的功业。有的说：难道他继承君位才几年，就要背弃先王的命令，荒废以前的职责吗？要是这样，怎么对得住太公和桓公呢？想来齐君一定不会这样。我们靠着这个，所以不害怕。展喜的话，有理有据，大义凛然而又委婉动听，把齐孝公说得无话可说，只好收兵回国。

我们在处理矛盾时，应当像展喜那样，既不粗暴无理，又不卑躬屈膝，而是理直辞婉，刚柔相济。比如，你做事不小心，惹得人家生了气，及时说上一声"对不起"或者"请原谅"，态度和蔼，情真意切，人家的气自然会消了。当对方做错了事，向你赔不是、请原谅的时候，你宽宏地说一声"没关系"，或者"不要紧"，人家就会一块石头落了地，感到你是一个高尚的人，一个有道德修养的人。

戒暴躁

肝火太盛常有错　心平气和事理明

制　怒

　　暴躁是一种激烈的感情冲动。某市有个待业青年唐某，一天在马路上玩耍，看见友人李某坐在一位女青年的自行车后座上，就开玩笑地说了一句"戆大"（"傻瓜"的意思）。李某听了当即下车对唐某踢了一脚，正巧踢在唐某的嘴边。唐某回家后发现自己的唾液中带血，自认受辱，怒火中烧，便回家带了把尖刀，寻到李某，对准他胸前刺了一刀。李某生命垂危，经医院抢救才逐渐脱离危险，但留下了严重的后遗症。本来唐某只想出点气，但由于失去了理智，做出了不顾后果的行为，既害了别人，又害了自己。

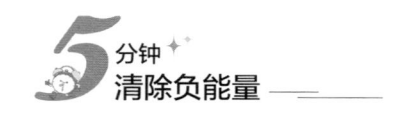

尽量控制自己的情绪，是改变暴躁性格的一个有效办法。用林则徐的话来说，就是"制怒"。林则徐在书斋里高挂"制怒"的条幅，使自己在禁烟的斗争中时刻保持清醒的头脑。北京大学的王力教授也是这样。一次，他在谈及如何保持充沛精力时说："我就靠'遇事不怒'四字作为我生活信条。"几十年来，王力教授靠这种修养，生活中不论遇到多大挫折、打击，总是克制自己，泰然处之。他以旺盛的创造力，专攻汉语科学，在事业上取得很大成绩，被世界语言学界公认为"中国现代语言学奠基人之一"。

有的人知道自己暴躁的脾气不好，也想改一改，但是，他们火气一上来，就不顾一切了。明代有个叫陈智的右都御史，人以性格暴躁在当朝出名。后来，有人劝他以暴怒为戒。陈智听了，觉得有理，特制了一块木牌，把"戒暴怒"三个字刻在木牌上，挂在堂前自警。可是没多久，陈智的脾气又发作了，他不仅忘了自戒，还把刻有"戒暴怒"的木牌拿来打人。

应当承认，一个性格暴躁的人要改变旧习，养成忍让的美德，开始时的确是很不容易的。在这种时

戒暴躁
肝火太盛常有错　心平气和事理明

候，关键是要掌握好"临界点"。例如，别人对你说了一句很不好听的话，或者做了一件对不起你的事，触怒了你，你一时火气上升，吵嘴打架的事马上就要发生，这就是"临界点"。如果你能在这个时候紧急刹车，克制下来，就可以避免可能发生的种种不幸。

东晋有一个叫王述的人，年轻的时候性情暴躁异常，他吃鸡蛋没有耐性敲碎蛋壳，就把蛋摔到地下用脚乱踩。但有一次，谢无奕找上门来辱骂，在这个"临界点"上，王述克制住了自己的情绪，耐心解释，没有发火。就这样，王述逐渐把自己锻炼成为一个很有涵养的人。

> 盛喜中勿许人物，盛怒中勿答人书。
> ——《格言联璧》
> **大喜之时不要向别人许诺什么，盛怒中不要与别人说话。**

印度有一句谚语："聪明的人不会当面发怒，他会克制自己而选择适当的时机。"这句话的意思就是要掌握好"临界点"。吵无好语，打有恶拳。到了"临界点"而不能克制，就只能导致一场混战。如果有一方能够像王述一样忍让一下，等到对方的头脑冷静下来以后再交换意见，双方的矛盾、意见或者误解就能得到较好的解决。俄国作家屠格涅夫劝人在与别人吵嘴时，先把舌头在嘴里转十圈，也是为了不越过"临界点"，免得恶语伤人。

加强法制观念和道德观念，是制怒的一项有效措施。每个人都要认真学习宪法和各种法律，明确哪些是国家法律所提倡的，哪些是法律不允许做的，哪些是法律赋予我们的权利，哪些是法律规定我们应尽的义务。

法律不是万能的。但是，道德是调整人与人之间，个人与社会、集体之间关系的行为规范。一个人道德品质的好与坏，体现在他的言语和行动的好与坏、善与恶、正与邪、荣誉与耻辱。道德是依靠社会力量来维持的，依靠人们的信仰、习惯、传统和教育来维持。凡是自己认为不道德的行为，就不要去做，

戒暴躁

肝火太盛常有错　心平气和事理明

如果做了，不但要受到社会舆论的谴责，也要受到自己良心的责备。当我们发觉自己的言论行动可能伤害别人的自尊心、侮辱别人的人格、破坏他人的劳动成果、妨碍他人的生活的时候，就要马上想到这种行为是不道德的，自觉地约束自己。

戒

轻浮

诸葛一生唯谨慎
吕端大事不糊涂

轻浮，简而言之，就是言语举动随便，不严肃，不庄重。有这种习性的人，往往是要吃亏的。戒掉轻浮，回归谨慎沉稳，是治疗当代人心灵疾病的一个良方。

戒轻浮
诸葛一生唯谨慎　吕端大事不糊涂

轻浮是人生之敌

> 阅读大约需要 2 分 19 秒

　　轻浮一般是指言行举止轻率、不庄重，缺乏严肃性和责任感。现实生活中，有一些说话随便、举止轻浮者。他们常常自我感觉良好，喜欢通过炫耀自己的生活来满足虚荣心；言语间透着高傲和挑衅，把自己捧上天的同时，拿他人的短处作为垫脚石；不分场合地开玩笑，不顾及别人的感受；交浅言深，缺乏边界感，甚至对不熟悉的人乱发脾气；做事急于求成，在学习或工作中频繁更换目标和方法，缺乏耐心和毅力。这所作所为都是轻浮的举动，不仅会遭到社会舆论的谴责，而且对于自己的进步和成长都极为不利。

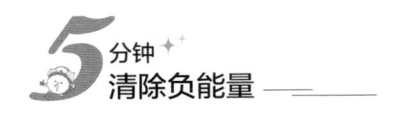

> 浅见之家,偶知一事,便言已足。
>
> ——《抱朴子》
>
> 见识浅薄的人,偶尔了解一件事,便声称自己已经懂得很多了。轻浮是认知的枷锁,它使人陷入虚假的满足感,阻断深度探索的可能。

战国时期,赵国有位年轻将领赵括,自幼饱读兵书,对兵法战术了如指掌,时常在众人面前高谈阔论,炫耀自己的军事才华。实际上,他从未真正上过战场,实战经验为零。长平之战爆发后,赵王听信谗言,任命赵括为统帅,接替老将廉颇。赵括一到前线,便不顾实际情况,照搬兵书上的战术,对秦军发起全面进攻。秦军将领白起针对赵括的轻浮与无知,巧妙布局,诱敌深入,最终将赵军团团包围。赵括在困境中仍盲目自信,坚持按兵书行事,结果赵军被秦军分割包围,粮道断绝,士气低落。最终,赵括在绝望中被秦军射杀,四十万赵军投降后被坑杀,赵国元气大伤。赵括的悲剧在于他虽满腹兵法,却不懂实

戒轻浮
诸葛一生唯谨慎　吕端大事不糊涂

战，轻浮自信，最终导致惨败。这个故事告诫我们，理论与实践相结合才能取得成功，切勿轻浮自满，纸上谈兵。

在人生的道路上，每一步都至关重要。我们应当时时谨慎行事，不可有丝毫轻浮。赵括纸上谈兵，盲目自信，最终导致赵国的惨败，便是轻浮的代价。生活中，我们也常因一时的冲动或疏忽，而付出沉重的代价。因此，无论做什么，都要谨言慎行，三思而后行，避免因轻浮而陷入困境，确保每一步都走得稳健，让人生之路更加顺畅。

拒绝轻浮，自重自爱

阅读大约需要 6 分 54 秒

有人曾写过这样一首打油诗：

一股傲气冲云霄，两只眼睛朝天瞧。
三寸之舌好夸耀，四海之内唯我高。
五官不正好训人，六尺尾巴空中翘。
七尺之躯架子大，八面威风逞霸道。
九天之上轻飘飘，十分可笑往下掉。

这首打油诗，既是对轻浮者的生动写照，又是对轻浮者的辛辣讽刺。怎样克服轻浮这一恶习？无疑，

戒轻浮

诸葛一生唯谨慎　吕端大事不糊涂

加强道德修养，遇事沉着稳重是十分重要的。

第一，待人接物要有礼貌。

礼貌，是指在社会生活中，个人交往时，应当遵循的一些基本的道德规范、准则。礼貌的实质，是互相尊重。礼貌是人们在交往中的一种道德信息，它起着联系沟通双方感情的作用，以此来调整人们之间的关系，减少或缓和各种矛盾所造成的障碍。

所谓礼貌，就是约定俗成的，交际过程中人们在言行上应遵守的比较固定的形式。"礼"，是指礼节，"貌"，是指仪表。礼貌要求，主要是指在个人交往中，要谦恭和气、彬彬有礼、行为端正、举止大方等。比如，妨碍了人家，麻烦了人家，要表示歉意，说一声"对不起""请原谅"，受到了人家的帮助要诚恳地道谢，等等。讲礼貌可以使人们之间的关系更融洽，减少不必要的

> 人有礼则安，无礼则危。
> ——《礼记》
>
> 知礼仪非常重要，有节制的言行是礼仪的体现，能够维护个人和社会的和谐。

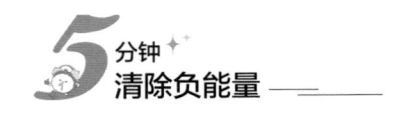

矛盾。现实生活里，只要交往，就可能会遇到各种矛盾，而且有些矛盾很容易激化。这时，真诚歉意，大方谅解，往往能化干戈为玉帛。相反，如果蛮横无礼，放肆任性，粗鲁野蛮，厚颜无耻或是有理不让人，无理搅三分，势必会激化矛盾，酿成纠纷。"不矜细行，终累大德"，就是这个道理。

礼貌中的讲礼节，这个"节"，是指一个人在同别人的交往中善于约束自己，控制自己的言行，有节制、讲分寸。这就是说，要周到地考虑对方的身份、处境、心情等，在言行上做到适度。在日常生活中，每个人处境不同，有不同的爱好、不同的需要，也可能有不同的苦衷。因此，在交往中，要善于根据具体对象的不同情况，协调自己与周围人的需要，尽量不发生矛盾，避免造成不愉快。比如，自己想听音乐，就要考虑到左邻右舍的安宁，否则，只顾自己高兴，搅得四邻不安，就是缺乏节制的不文明行为了。此外，在与人论争时，要做到有理、有节，不说伤人的话，适可而止，否则，搞得不欢而散就不好了。作为道德修养的礼貌要求，要时时为他人设身处地着想，

戒轻浮
诸葛一生唯谨慎　吕端大事不糊涂

周到而有分寸，热情而有节制。

第二，要自觉遵守社会秩序。

有一次，列宁到克里姆林宫理发室理发，一进门，他发现已有许多人在等候了，问："谁是最后一位？"大家一看是列宁，纷纷站起来说："列宁同志，您工作忙，请您先理。"列宁回答大家说："谢谢同志们。不过，不能这样做，我们应该遵守秩序。我们自己制定的法律、规定，应该在一切琐碎的生活中都遵守它。"接着，他就坐下来开始看报等候。这个故事教育我们，做一个文明的人，就要有遵守公共秩序的良好习惯。

社会公共生活也是有自身规律的，如社会公德、各种守则、相应的法规等。这些反过来又保证社会生活正常进行。这些公共生活的秩序、规则等，既反映了社会生活本身的要求，也代表了社会绝大多数成员的利益和愿望。在社会这个大集体中，人与人之间免不了发生矛盾。为了协调人们的行动，就要有一些统一的准则、规矩，并对每个人都有同样的约束力。只有大家遵守这些公共秩序，才能使每个人正常的生

活、学习、工作得到保障。比如，上车要顺序排队，看电影不能喧哗，看体育比赛不能起哄，听音乐会不能喊叫，在阅览室里不能说笑，等等。

中国人一向有"言必信，行必果"的传统美德。在交往中讲信用，忠实地履行自己的诺言，是保障社会交际正常进行的必要条件，也是保证公共生活秩序、协调个人之间关系的基本生活准则。

> 人而无信，不知其可也
> ——《论语》
>
> 讲信用，守诺言，不仅是社会交际本身的必然要求，而且可以看出一个人的基本道德品质。

请设想，如果一个人总是说话不算数，谁还敢和他打交道呢？失信于人的人，自古以来都要受社会舆论谴责的。

第三，仪表谈吐要庄重文雅。

我们当然不可以貌取人，但一个人的仪表也是不可忽视的。在同别人的交往中，举止庄重，谈吐文雅，服装整洁，不仅是对别人的一种尊重，也是对

戒轻浮

诸葛一生唯谨慎　吕端大事不糊涂

自己人格的一种尊重，同时，也有助于创造舒适融洽的氛围。为了使整个社会生活和谐，人们应当对自己的言行加以适当约束。没有规矩，不成方圆。在社会交际中，按照规矩来行事，从行动上给人以正面的印象，是很重要的。比如，在接待客人的时候，应当温和、谦恭、不卑不亢，坐立行走都应当端正得体，不应当任意而为。感情要真挚，举止要恰当。日本学者福泽谕吉曾作过一个比喻。他说文明世界好像是一个大剧场，演员的表演必须切合剧情，椎妙椎肖，才能受人欢迎，否则，进退失度、言语失节，笑不逼真，哭又没有感情，或者当哭而笑，当笑而哭，都是不会受人欢迎的。

举止端庄、行为美好，并不是要求人们故作姿态，而是要求人们在交往中诚挚，使人感到温暖愉快。警察同志"纠正违章先敬礼"，就体现了这一点。否则，虽然是为了帮助人家，可态度生硬，架子十足，反而会坏事。

做到举止端庄、行为美好，一个重要前提是尊重自己。人们常说："言为心声。"就是说，一个人的

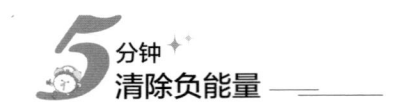

谈吐，可以反映出他的思想感情，也可以看出他的道德修养。语言美是文明的重要标志。语言有文野之分，美丑之分。不同的文化素养、道德情感、生活理想，都会从人们的语言中表现出来。心地善良纯洁的人，他们的谈吐也是温和文雅的。反之，正如鲁迅先生当年尖锐地批评过的一些人，他们的语言是粗野鄙俗的。

"言而无文，行而不远。"这是孔子的至理名言。作文、说话不文雅、不漂亮，是不能广泛流传的。俗话说："良言一句三冬暖，恶语伤人六月寒。"生活中的许多事例都说明，语言粗鲁、放肆、傲慢、低俗，会使对方感到是一种侮辱，恶化彼此的关系，产生不应有的矛盾；反之，谈吐文雅、温和、亲切、谦逊，会使人们之间的关系更和谐融洽，形成良好的交往气氛。

第四，要做到"慎独"。

《礼记·中庸》里说："君子戒慎乎其所不睹，恐惧乎其所不闻。莫见乎隐，莫显乎微，故君子慎其独也。"这段话的大意是，如果内心有了不好的念头，

戒轻浮

诸葛一生唯谨慎　吕端大事不糊涂

即使很隐蔽，很微弱，也不可能不显露出来。因此，性情沉着的人在独处场合的所作所为也必须特别谨慎。一个人在大庭广众之下，行为能够不失检点，进而做点好事，并不很难。难的是，在独身自处，无人监督的情况下，也丝毫不改变自己的操守，默默地做好事，而不做任何坏事。

有些年轻人在学校和家里表现不大一样，在单位里和在马路上表现不大一样，在师长或领导面前和在谁也看不见的地方表现不大一样。在集体中能够表现优秀，在独处时却禁不住个人欲望的诱惑而走上错误的道路。性格陶冶的关键在于真正提高思想觉悟，而不是表面上的装模作样，否则终究会在独处时露出马脚。

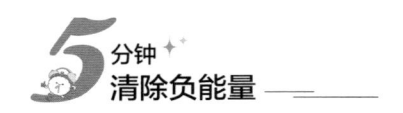

步步都要脚踏实地

> 阅读大约需要 3 分 49 秒

　　从前有个乡下的老头，家中十分富有，可是几代没有一个识字的人。有一年，他聘请一位楚地的书生来教导他的儿子。书生一开始教拿笔描红写字识字。写一画，就说："这是一字。"写二画，说："这是二字。"写三画，说："这是三字。"这个老头的儿子就显出非常高兴的样子，把笔一扔，回去告诉父亲说："我学会了，我学会了。可以不必麻烦先生，花费很多学费，请您把他辞退了吧。"父亲也很高兴，听从了儿子的意见，给了书生一些钱，表示了感谢，就让他走了。过了一些时候，父亲打算请一个万姓亲友来喝酒，叫儿子早

戒轻浮

诸葛一生唯谨慎　吕端大事不糊涂

晨起来写一封信。过了很久信也没有写成，父亲催促，儿子怨恨地说："天下人的姓多得很，为什么一定要姓'万'呢！我从早晨到现在，才画完五百画。"老头的儿子之所以那样轻浮，刚刚学会"一""二""三"，就大言不惭地声称"我学会了"，问题就在于无知，把刚刚得到的一滴水误认为知识的海洋。

人生之路，苦乐相依。凡是登过泰山的人，都会有两个感受，一是攀登十八盘的艰难之感，二是畅游玉皇顶的快乐之感。泰山古道的苦与乐，为中外游人齐声赞叹。古人说："登十八盘之难，难于上青天。"从山脚望去，十八盘好似一架天梯垂挂在南天门之上，使人望而生畏。十八盘有三股险道，人称"慢十八盘，紧十八盘，不紧不慢又十八盘"。其间共有石阶1994级，一级级阶梯路，越走越陡，越上越密。一陡一密，构成十八盘艰难的险径。人们要付出很大的艰辛攀登这段险径才能到达南天门，还要再上700级石阶，才能到达泰山之巅玉皇顶。当你吃力地登完最后一级石阶时，便会长长地呼一口气。啊！终于登上来了，"难于上青天"果真不假！然而，你很快会

5分钟清除负能量

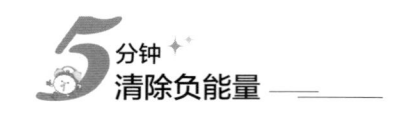

感到攀登之苦一扫而空。因为苦中有乐，乐自苦来！当你站在玉皇顶上，"凭崖览八极，目尽长空闲"，群峰拱岱，众山若丘，确有"会当凌绝顶，一览众山小"之慨；并可饱览"旭日东升""晚霞夕照""黄河金带""云海玉盘"四大奇观，有如扶摇天宫，收尽人间绝景。此时此刻，无不使你心旷神怡，快乐至极！

攀登泰山需要脚踏实地、一级一级地往上爬，走人生之路，也需要这种脚踏实地的精神，容不得半点急躁与轻浮。

有一种天真烂漫的幻想家，他们对人生缺乏足够的认识，总把人生之路想象得铺满鲜花。他们没有吃苦的思想准备，只有娇弱的思想感情，一旦踏上坎坷之路，便心惊胆战，束手无策，以致被荆棘绊

> 千里之行，始于足下。
> ——《道德经》
> 千里远的路程，是从脚下迈第一步开始的。成功，往往在于由小到大、由少到多的逐步积累。

戒轻浮

诸葛一生唯谨慎　吕端大事不糊涂

倒在人生之路上。

还有一种,是艰苦面前的懦夫。他们总是怕艰苦,图安逸,既无奋斗的热情,也无创造的雄心,希望别人吃尽人间苦,自己坐享人间福,要别人抬着他上"玉皇顶"。

如果说人生在世总要过得有价值有意义,那就既不能做天真烂漫的幻想家,也不能当懦夫、懒汉、可怜虫,而应做脚踏实地敢于攀登的求实者。

在生活的旅途中,最危险的不是悬崖峭壁,而是在如花似锦的坦途中因迷恋路旁风景而止步不前,或误入歧途。

5分钟 清除负能量

手里如果有鲜花,不用高声喊叫,别人也会闻到香味。

漂浮得最厉害的东西,恰恰没有重量。

纸花,绚丽多彩却没有芳香;

大话,震耳欲聋却没有力量。

不管你登上多么高的峰巅,也不要忘记自己的双脚还紧贴着大地。

后 记

苏轼在《临江仙·送钱穆父》中写道:"人生如逆旅,我亦是行人。"这句话既是对我的激励也是对我的提醒。

我已年逾八十,四代同堂,尽享天伦之乐。在生活中,我常听到儿孙们谈论生活中的情绪和纠结,决心当好心理辅导员。

在 50 年工作生涯中,我写过一些关于青年成长、家庭、涵养等方面的文章,诸如《修身养性故事选》《业余写作的"时间胶囊"》《家庭问题通信》《我的时代记录》等。这些文章虽然写于不同的年代,但它们都有一个共同的主题,那就是如何在变化的社会中保持内心的平衡与坚定。

在时代大潮冲击中,年轻人成长不易,我想和他们说说人生成长中的故事。

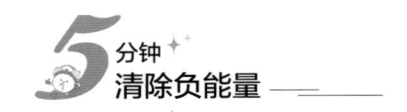

我把成长中容易产生的负能量分为 14 个方面，用讲故事的方式呈现，期望能借此帮助年轻人摆脱负能量，拥抱正能量人生。感谢湖南省政协常委、湖南省作家协会主席、湖南师大文学院汤素兰教授为其作序。感谢人民日报出版社编辑的精心打磨和热情推介。希望这个小册子能够为读者所喜欢，对每一位阅读者有帮助。

由于水平有限，敬请批评指导！